变电站消防安全
技术与管理

国网浙江省电力有限公司绍兴供电公司　组编

中国电力出版社
CHINA ELECTRIC POWER PRESS

内 容 提 要

变电站消防安全是电力企业的一项重要工作。本书作者立足变电运维专业,密切结合消防实际工作,旨在提升现场人员的消防技能和管理水平。本书共六章,内容包括消防基本知识,变电站消防安全管理,变电站消防器材、设施的日常使用、维护与管理,变电站重要防火部位的防火措施与运维要求,变电站内现场作业防火要求,以及变电站消防应急管理与应急处置。

本书内容实用,可作为变电站消防安全培训教材和员工自学用书。

图书在版编目(CIP)数据

变电站消防安全技术与管理 / 国网浙江省电力有限公司绍兴供电公司组编 . —北京:中国电力出版社,2019.11

ISBN 978-7-5198-3984-0

Ⅰ.①变… Ⅱ.①国… Ⅲ.①变电所－消防－安全管理 Ⅳ.① TM63

中国版本图书馆 CIP 数据核字(2019)第 244347 号

出版发行:中国电力出版社

地　　址:北京市东城区北京站西街 19 号(邮政编码 100005)

网　　址:http://www.cepp.sgcc.com.cn

责任编辑:崔素媛(010-63412392)

责任校对:黄　蓓　朱丽芳

装帧设计:郝晓燕

责任印制:杨晓东

印　　刷:北京天宇星印刷厂

版　　次:2019 年 11 月第一版

印　　次:2019 年 11 月北京第一次印刷

开　　本:710 毫米 ×1000 毫米　16 开本

印　　张:10.5

字　　数:172 千字

印　　数:0001—3000 册

定　　价:42.00 元

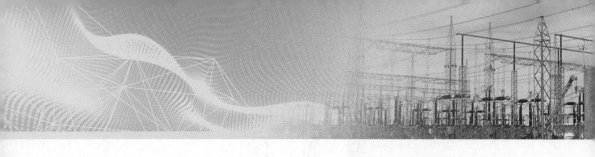

前　　言

　　消防安全是变电站安全生产的一个重要组成部分，做好变电站消防安全工作十分重要。本书作者立足变电运维专业，贯彻"预防为主、防消结合"的消防工作方针，通过梳理当前变电站内各类消防设施和器材，各类消防安全管理法律法规和规章制度，结合国家电网有限公司消防管理工作实际经验，进行分析、归纳、总结，以提升现场变电运维人员消防技能及管理水平。

　　本书由经验丰富的现场消防管理人员经过近一年的时间编写完成。该书密切结合变电运维消防工作实际，介绍了当前变电站消防管理和运维管理的规定和要求，以及各类消防设备设施的结构、原理、作用、操作方法、维护保养的注意事项等内容。对目前国家电网有限公司对变电站消防的相关制度和规程进行了细化和落地的介绍。本书结合实际、深入浅出，突出了现场作业的实用性和可操作性，对现场执行规章制度过程中遇到的问题提供了思路和做法。本书可作为变电站消防培训教材和员工自学用书，希望能对广大变电站工作人员有所帮助。

　　限于编者水平，书稿中难免有疏漏和不妥之处，恳请广大专家和读者批评指正，使之不断完善。

作者

2019 年 10 月

目　　录

第一章 消 防 基 本 知 识

第一节 概 述

近年来，我国时常会发生一些重特大火灾事故，火灾事故造成巨大的经济损失和人员伤亡，严重影响经济建设的发展和社会稳定，教训十分沉重和深刻。因此消防工作应引起重视，它是人们日常安全生产中的一项重要工作，是国民经济和社会发展的重要组成部分，是国家发展进步不可缺少的保证条件。做好消防工作、预防和减少火灾事故特别是可能造成重特大经济损失和群亡、群伤的恶性火灾事故的发生，具有十分重要的意义。

随着社会文明不断进步和发展，消防安全工作越来越重要。消防工作是一项社会性很强的工作，它涉及国民经济的各个方面，与各个行业和人们的生活都有密不可分的关系。消防工作同时又是一项知识性、科学性很强的工作，与科学技术息息相关。

消防即预防和解决（扑灭）火灾的意思，是指预防和解决人们在生活、工作、学习过程中遇到的人为与自燃、偶然灾害的总称。现代意义的消防可以更深层地理解为消除危险和防止灾难。

消防工作应贯彻"预防为主、防消结合"的工作方针，按照政府统一领导、部门依法监管、单位全面负责、公民积极参与的原则，做好单位的消防安全工作。这一工作方针不但是人民群众长期同火灾作斗争的经验总结，而且也正确地反映了消防工作的客观规律，体现了防和消的辩证关系。预防为主，就是要在同火灾的斗争中，把预防火灾的工作作为重点，放在首位，防患于未然。防消结合，是在做好预防工作的同时，把消作为防的一部分，作为预防不足的措施，使防和消的工作紧密结合为一体。

消防工作的任务是保卫社会主义现代化建设的成果，保护公共和人民群众生命财物的安全。它是人民群众在同火灾作斗争的过程中，逐步形成和发展起来的一项专门工作，是由国家行政管理部门管辖的社会安全保障的措施。

"谁主管，谁负责"是消防工作的原则。简要来说，就是一个地区、一个单位的消防安全工作，要由本地区、本系统、本单位自己负责，谁主管哪项工作，就要对哪项工作中的消防安全负责。法人单位的法定代表人或者非法人单位的主要负责人是单位的消防安全责任人，对本单位的消防安全工作全面负责。消防安全管理人负责单位的具体消防工作，对单位的消防安全责任人负责。

单位应成立安全生产委员会，履行消防安全职责。任何单位和公民都有维护防火安全和预防火灾的义务。各单位的有关人员应按其工作职责，熟悉本规程的有关部分，并结合消防知识每年考试一次。

为了规范电力设备及其相关设施的消防安全管理，预防火灾和减少火灾危害，保障人身、设备和电网安全，故编写了《变电站消防安全技术与管理》一书。这是一本集知识性、实用性、指导性于一体的读本，贴近企业工作实际和生产生活特点，对于普及消防知识，增强广大电力员工的消防意识，提高公司抵御火灾的整体功能有着积极的作用。

本章主要介绍火灾的定义及分类，燃烧与爆炸的基础知识以及灭火基本原则。

第二节　火灾的定义及分类

一、火灾的定义

《消防词汇　第1部分：通用术语》（GB/T 5907.1—2014）中火和火灾的定义分别是：

火 Fire：以释放热量并伴有烟或火焰或两者兼有为特征的燃烧现象。

火灾 Fire：在时间和空间上失去控制的燃烧。火灾即失去控制的同时对人身和财产造成损害的各种燃烧现象。

二、火灾的危害

火，给人类带来的文明进步、光明和温暖。当火失去控制时，将会给人类带来灾难。在各类灾害中，火灾是最常见、最普遍地威胁公共安全和社会发展的主要灾害之一。火灾的危害十分严重，据统计，每年全球发生的火灾高达 600 万～

700 万次，每年死于火灾的人数平均达 7 万人。从统计数据可以看出，火灾发生的频率高，突发性强，破坏性大，灾害复杂，易造成次生灾害，灾后恢复难，引起不良的社会和政治影响等特点。

三、火灾的分类

火灾可按可燃物的类型和燃烧特性、火灾损失严重程度进行分类。

（一）火灾可按可燃物的类型和燃烧特性分类

《火灾分类》（GB/T 4968—2008）中根据可燃物的类型和燃烧特性，将火灾定义为 A 类、B 类、C 类、D 类、E 类、F 类六种不同的类别。

1. A 类火灾

A 类是指固体物质火灾。这种物质通常具有有机物性质，一般在燃烧时能产生灼热的余烬。如木材、干草、煤炭、棉、毛、麻、纸张等火灾。

2. B 类火灾

B 类火灾是指液体或可熔化的固体物质火灾。如汽油、煤油、原油、甲醇、乙醇、沥青、石蜡、塑料等火灾。

3. C 类火灾

C 类火灾是指气体火灾。如煤气、天然气、甲烷、乙烷、丙烷、氢气等火灾。

4. D 类火灾

D 类火灾是指金属火灾。如钾、钠、镁、钛、铬、锂、铝镁合金火灾等。

5. E 类火灾

E 类火灾是指带电火灾。物体带电燃烧的火灾。

6. F 类火灾

F 类火灾是指烹饪器具内的烹饪物火灾。如动植物油脂火灾。

（二）按火灾损失严重程度分类

根据《生产安全事故报告和调查处理条例》关于生产安全事故的人员伤亡和直接经济损失分级规定，将火灾事故划分为特别重大火灾、重大火灾、较大火灾和一般火灾四个等级。

1. 特别重大火灾

特别重大火灾是指造成 30 人以上❶死亡，或者 100 人以上重伤，或者 1 亿元

---

❶ "以上"包括本数，"以下"不包括本数。

以上直接财产损失的火灾。

2. 重大火灾

重大火灾是指造成 10 人以上 30 人以下死亡，或者 50 人以上 100 人以下重伤，或者 5000 万元以上 1 亿元以下直接财产损失的火灾。

3. 较大火灾

较大火灾是指造成 3 人以上 10 人以下死亡，或者 10 人以上 50 人以下重伤，或者 1000 万元以上 5000 万元以下直接财产损失的火灾。

4. 一般火灾

一般火灾是指造成 3 人以下死亡，或者 10 人以下重伤，或者 1000 万元以下直接财产损失的火灾。

第三节 燃 烧

在生产经营中，为了有效地预防火灾爆炸事故的发生，减少火灾损失，必须首先对物质燃烧的基本条件、燃烧机理、燃烧发生发展规律及防火、灭火基本原理等防火安全基础知识有一个必要的了解，以便在掌握燃烧规律的基础上，通过控制和消除燃烧的基本条件，达到防火、灭火和控制火势扩大蔓延的目的。

一、燃烧的定义

《消防词汇 第 1 部分：通用术语》（GB/T 5907.1—2014）中将燃烧定义为：可燃物与氧化剂作用发生的放热反应，通常伴有火焰、发光和（或）发烟的现象。燃烧应具备三个特征，即化学反应、放热和发光。

二、燃烧的本质

近代连锁反应理论认为物质的燃烧是一种游离基的连锁反应（也称链式反应），可燃物质或助燃物质先吸收能量而离解成为游离基，与其他分子相互作用形成一系列的连锁反应，将燃烧热释放出来。是化合物或单质分子中的共价键在外界因素（如光或热）的影响下，分裂成含有不成对电子的原子或原子基团，它们的化学活性很强，极不稳定，很容易重新结合成稳定的分子或与其他物质反应生成新的游离基。当反应物产生少量游离基时，就会发生连锁反应。一旦反应开始，就可以通过许多连锁步骤加速，直到反应物烧尽。当游离基消失时，链式反应就会终止。总的来说，连锁反应机理大致可分为三段：即链引发、链传递、链终止。

综上所述，物质燃烧是一种复杂的物理化学反应。光和热是燃烧过程中发生的物理现象，游离基的连锁反应则说明了燃烧反应的化学实质。按照连锁反应理论，燃烧不是两个气态分子之间直接起作用，而是它们的分裂物——游离基这种中间产物进行的链式反应。可见，燃烧是一种极其复杂的物理化学反应，游离基的链式反应是燃烧的本质。

三、燃烧的条件

(一) 燃烧的必要条件

任何物质发生燃烧，都有一个由未燃烧状态转向燃烧状态的过程。燃烧过程的发生和发展，须具备以下三个必要条件，即：可燃物质、助燃物质和激发导致燃烧的能量，只有在上述三个条件同时具备的情况下，可燃物质才能发生燃烧，三个条件无论缺少哪一个，燃烧都不可能发生。

对有焰燃烧而言，因燃烧过程中存在未受抑制的游离基（自由基）作中间体，而自由基是一种高度活泼的化学基团，能与其他的自由基和分子起反应，从而使燃烧按链式反应的形式扩展。因此，有焰燃烧时有四个必要条件，即可燃物质、助燃物质、导致燃烧的能量和链式反应受抑制的自由基。

1. 可燃物质

凡是能与空气中的氧气或其他氧化剂起化学反应的物质称为可燃物，如木材、氢气、汽油、煤炭、硫磺等。可燃物分为无机可燃物和有机可燃物两大类。从数量上讲，绝大部分可燃物为有机物，少部分为无机物。按其所处的状态又可分为可燃固体、可燃液体和可燃气体三大类，对于这三种状态的可燃物来说，其燃烧难易程度是不同的，一般气体容易燃烧，其次是液体，最后是固体。

可燃物是燃烧不可缺少的一个首要条件，是燃烧的内因，没有可燃物，燃烧根本不可能发生。

2. 助燃物质

能帮助和支持可燃物燃烧的物质，即能与可燃物发生氧化反应的物质称为助燃物。助燃物质具有较强的氧化性能，如广泛存在于空气中的氧气，以及能够提供氧气的含氧化合物和氯气等。

3. 导致燃烧的激发能量

指激发和导致可燃物质与助燃物质发生燃烧的能量，如明火、电气火花、机械摩擦或冲击产生的能量，设备运转或化学反应过热产生的能量，爆炸产生的光和热，集中日照产生的能量，静电产生的火花等，一般用温度和作用时间来表示能量的大小。

4. 链式反应

大多数的有焰燃烧存在着链式反应，它是维持有焰燃烧的必要条件之一。

（二）燃烧的充分条件

需要说明的是，具备了燃烧的必要条件，并不等于燃烧必然发生。在各必要条件中，还有一个"量"的概念，这就是发生燃烧或持续燃烧的充分条件，燃烧的充分条件是：

1. 一定的可燃物质浓度

可燃气体或可燃液体的蒸汽与空气混合只在达到一定浓度，才会发生燃烧或爆炸，达不到燃烧所需的浓度，虽有充足的氧气和明火，仍不能发生燃烧。

2. 一定的氧含量

各种不同的可燃物发生燃烧，均有最低含氧量要求。低于这一浓度，虽然燃烧的其他必要条件已经具备，燃烧仍不会发生。

3. 一定的导致燃烧的能量

各种不同可燃物质发生燃烧，均有固定的最小点火能量要求。达到这一能量时才能引起燃烧反应，否则燃烧并不会发生。如汽油的最小点火能量为 0.2mJ，乙醚为 0.19mJ，甲醇（2.24%）为 0.215mJ。

4. 不受抑制的链式反应

对有焰燃烧，燃烧过程中必须存在未受抑制的游离基（自由基），形成链式反应，才能使燃烧持续下去。

四、燃烧的类型

燃烧按其形成的条件和瞬间发生的特点，一般分为闪燃、着火、自燃和爆炸四种类型，它们具有共同特征但表现形式不同。

（一）闪燃

液体都能蒸发，通过蒸发在液体可燃物质表面上产生足够浓度的可燃蒸汽

（包括可熔化的少量固体，如石蜡、樟脑、萘等），遇火能产生一闪即灭的燃烧现象，叫闪燃。液体表面上能产生闪燃的最低温度，叫闪点（又称闪火点）。闪燃是一种瞬间现象。闪燃发生的原因是因为液体在闪燃温度下蒸发速度不快，液体表面上积聚的可燃气体一瞬间燃尽，而来不及补充新的可燃蒸汽以维持稳定的燃烧，故闪燃一下就熄灭了。但闪燃往往是着火的先兆，闪点是表示可燃液体性质的指标之一。当可燃液体加热到闪点及闪点以上时，遇有火焰或火星的作用，就不可避免地引起着火，对这种燃烧现象应引起注意。

（二）着火

可燃物质在空气中与火源接触，达到某一温度时，开始产生有火焰的燃烧，并在火源移去后仍持续燃烧的现象，叫作着火。着火是燃烧的开始，并且以出现火焰为日常生产、生活中常见的燃烧现象。例如，用火柴点燃柴草，就会着火。

一种物质燃烧时释放出的燃烧热使该物质能蒸发出足够的蒸汽来维持其燃烧所需的最低温度叫燃点。通俗的讲就是能引起着火的最低温度。物质的燃点越低，越容易着火，火灾危险性也就越大。

一切可燃液体的燃点都高于闪点，根据可燃物的燃点高低，可以衡量其火灾危险程度，以便在防火和灭火工作中采取相应的措施。控制这些物质的温度在燃点以下，就可以防止火灾的发生，灭火中用冷却法灭火，其原理就是将着火物质的温度降低到燃点以下，使火熄灭。

（三）自燃

可燃物质在没有外部火源的作用时，因受热或自身发热并蓄热所产生的燃烧称做自燃。根据热的来源不同，物质的自燃可分为受热自燃和自热自燃（即本身自燃）两大类。

1. 受热自燃

可燃物质在没有明火接触而靠外部热源作用下，达到一定温度时而发生自行着火现象，称受热自燃。

2. 自热自燃（即本身自燃）

由于物质内部发生物理、化学等作用造成积热不散而引起的自行着火现象，叫作自热（或蓄热）自燃，也叫作本身自燃。在一定的条件下，物质发生自燃的最低温度，叫作该物质的自燃点。在这一温度时，物质与空气（氧）接触，不需要明火的作用，就能发生燃烧。物质的自燃点越低，发生火灾的危险性就越大。

（四）爆炸

物质由一种状态迅速的转变成另一种状态，并在瞬间以机械能的形式释放出巨大的能量，或是气体、蒸汽在瞬间发生剧烈膨胀等现象，叫作爆炸。爆炸最重要的一个特征就是爆炸点周围发生剧烈压力突跃变化。爆炸通常分为物理爆炸和化学爆炸两大类。

1. 物理爆炸

物理爆炸是指物质发生爆炸前后的化学成分没有发生变化的爆炸现象，如汽车轮胎、锅炉爆炸等，装在容器内的液体或气体，受外界温度变化等影响，体积迅速膨胀，使容器压力急剧增加，由于超压力或应力变化使容器发生爆炸，并且爆炸前后物质的化学成分均不改变的现象称爆裂。爆裂产生的能量能直接或间接地造成火灾。

2. 化学爆炸

由于物质急剧化学反应产生温度、压力增加或者两者同时增加形成的爆炸现象，称为化学爆炸。例如可燃气体、蒸汽和粉尘与空气形成的混合物的爆炸、炸药的爆炸等都属于化学爆炸。实际上，化学爆炸就是可燃物质与助燃物质混合后的混合物（或者本身是含氧的炸药），遇到导致燃烧爆炸的激发能量（也称引火源）而发生的瞬间燃烧，这种爆炸的冲击波速度很快，每秒可达几十米到几千米，爆炸时产生大量的热能和气态物质，形成很高的温度，产生很大的压力，并发出巨大的声响。这种爆炸能够直接造成火灾，因此具有很大的火灾危险性。

可燃气体、蒸汽、粉尘与空气的混合物，必须在一定的浓度范围内，遇引火源才能发生爆炸，这个浓度叫作爆炸极限浓度，通常用体积百分比（％）范围来表示，爆炸极限的最高浓度叫爆炸上限，最低浓度叫爆炸下限，均用体积百分比来表示。

爆炸极限可用于评定气体的火灾危险性大小。可燃气体的爆炸下限越低，爆炸浓度范围越大，火灾危险性就越大。例如乙炔的爆炸极限为 $2.5\%\sim80\%$，氢气的爆炸极限为 $4.1\%\sim74\%$，氨气的爆炸极限为 $16\%\sim27\%$，其火灾危险性乙炔大于氢气，氢气大于氨气；而且，爆炸极限可用作可燃气体分级的标准，如氢气、乙烯、氯甲烷等爆炸下限小于 10% 的可燃气体为一级，氨气、一氧化碳、城市煤气爆炸下限大于或等于 10% 的可燃气体为二级。此外，爆炸极限还可用于评定气体生产、贮存的火险类别和作为选择防爆电器种类的依据等。

五、物质燃烧的特点

1. 气体燃烧

可燃气体的燃烧不需像固体、液体那样需经熔化、蒸发过程，所需热量仅用于氧化或分解，或将气体加热到燃点，因此容易燃烧，速度也快。其燃烧方式根据燃烧前可燃气体与氧气（空气）混合状况不同可分为两大类：

（1）扩散燃烧。可燃气体从喷口（管口或容器泄漏口）喷出，在喷口处与空气中的氧气边扩散边混合、边燃烧的现象，且燃烧速度取决于可燃气体的喷出速度，一般为稳定燃烧。如容器管路泄漏发生的燃烧，天然气井的井喷燃烧均属于此类。

（2）预混燃烧。可燃气体与氧气（空气）在燃烧之前混合，并形成一定浓度的可燃混合气体，被火源点燃所引起的燃烧，这类燃烧往往造成爆炸。影响预混燃烧速度的因素有气体的组成、可燃气体的浓度、可燃混合气体的初始温度、管路直径、管道材质等。

2. 液体燃烧

（1）易燃液体的燃烧是液体蒸汽进行燃烧，因此燃烧与否、燃烧速率等与液体的蒸汽压、闪点和蒸发速率等性质有关。某些液体的闪点在贮存温度下，液面上的蒸汽压在易燃范围内时遇火源，其火焰传播速率快。易燃液体的闪点高于贮存温度时，其火焰传播速率较低，因为火焰的热量必须足以加热液体表面，并在火焰扩散通过蒸汽之前形成易燃蒸汽与空气混合物。影响这一过程的有诸如环境因素、风速、温度、燃烧热、蒸发潜热、大气压等。

（2）易燃液体燃烧时，通常会因类别不同而表现出不同的火焰颜色及燃烧特点。如液态烃类燃烧时，通常具有橘色火焰并散发浓密的黑色烟云。醇类燃烧时，通常具有透明的蓝色火焰，几乎不产生烟雾。某些醚类燃烧时，液体表面伴有明显的沸腾中，这些物质的火灾难以扑灭。在不同类型油类的敞口贮罐的火灾中还要特别注意三种特殊现象——沸溢、溅出、冒泡。尤其是突沸现象，即液体在燃烧过程中，由于向液体层内不断传热，会使含有水分、黏度大、沸点在100℃以上的重油、原油产生沸溢和喷溅现象，造成大面积火灾和巨大的危害。这类油品称为沸溢性油品。

3. 固体燃烧

固体可燃物必须经过受热、蒸发、热分解过程，使固体上方可燃气体浓度达到燃烧极限，才能持续不断地发生燃烧。其燃烧方式通常分为以下几种：

（1）蒸发燃烧：熔点较低的可燃固体，受热后融熔，然后与可燃液体一样蒸发成蒸汽而燃烧，如硫、磷、沥青、热塑性高分子材料等。

（2）分解燃烧：分子结构复杂的固体可燃物，在受热后分解出其组成成分与加热温度相应的热分解产物，这些分解产物再氧化燃烧，称为分解燃烧。例如，木材、纸张、棉、麻、毛、丝、热固塑料、合成橡胶等的燃烧。

（3）表面燃烧：蒸汽压非常小或者难于分解的可燃固体，不能发生蒸发燃烧或分解燃烧，当氧气包围物质的表层时，呈炽热状态发生无焰燃烧。表面燃烧属于非均相燃烧，现象为表面发红，而无火焰，如木炭、焦炭等的燃烧。

（4）阴燃：一些固体可燃物在空气不流通、加热温度较低或含水分较高时会阴燃，如成捆堆放的棉、麻、纸张及大堆垛的煤、草、湿木材等。随着阴燃的进行，热量聚集、温度升高，此时空气的导入可能会转变为明火燃烧。

六、燃烧产物

（一）燃烧产物的含义和分类

（1）燃烧产物的含义。由燃烧或热解作用而产生的全部的物质，称为燃烧产物。它通常是指燃烧生成的气体、热量和烟雾等。

（2）燃烧产物的分类。燃烧产物分完全燃烧产物和不完全燃烧产物两类。可燃物质在燃烧过程中，如果生成的产物不能再燃烧，则称为完全燃烧，其产物为完全燃烧产物，如二氧化碳、二氧化硫等；可燃物质在燃烧过程中，如果生成的产物还能继续燃烧，则称为不完全燃烧，其产物为不完全燃烧产物，如一氧化碳、醇类等。

（二）不同物质的燃烧产物

燃烧产物的数量及成分，随物质的化学组成以及温度、空气（氧）的供给情况等变化而有所不同。

（1）单质的燃烧产物。一般单质在空气中的燃烧产物为该单质元素的氧化物。如碳、氢、硫等燃烧就分别生成二氧化碳、水蒸气、二氧化硫，这些产物不能再燃烧，属于完全燃烧产物。

（2）化合物的燃烧产物。一些化合物在空气中燃烧除生成完全燃烧产物外，还会生成不完全燃烧产物。最典型的不完全燃烧产物是一氧化碳，它能进一步燃烧生成二氧化碳。特别是一些高分子化合物，受热后会产生热裂解，生成许多不同类型的有机化合物，并能进一步燃烧。

（3）合成高分子材料的燃烧产物。合成高分子材料在燃烧过程中伴有热裂解，会分解产生许多有毒或有刺激性的气体，如氯化氢、光气、氰化氢等。

（4）木材的燃烧产物。木材是一种化合物，主要由碳、氢、氧元素组成，主要以纤维素分子形式存在。木材在受热后发生热裂解反应，生成小分子产物。在200℃左右，主要生成二氧化碳、水蒸气、甲酸、乙酸、一氧化碳等产物；在280～500℃时，产生可燃蒸汽及颗粒；500℃以上则主要是碳，产生的游离基对燃烧有明显的加速作用。

（三）燃烧产物的毒性

燃烧产物有不少是毒害气体，往往会通过呼吸道侵入或刺激眼结膜、皮肤黏膜使人中毒甚至死亡。据统计，在火灾中死亡的人约80%是由于吸入毒性气体中毒而致死的。一氧化碳是火灾中最危险的气体，其毒性在于与血液中血红蛋白的高亲和力，因而它能阻止人体血液中氧气的输送，引起头痛、虚脱、神志不清等症状，严重时会使人昏迷甚至死亡，表 1-1 所示为不同浓度的一氧化碳对人体的影响。近年来，合成高分子物质的使用迅速普及，这些物质燃烧时不仅会产生一氧化碳、二氧化碳，而且还会分解出乙醛、氯化氢、氰化氢等有毒气体，给人的生命安全造成更大的威胁，表 1-2 为部分主要有害气体的来源、对人的生理作用及致死浓度。

表 1-1   不同浓度的一氧化碳对人体的影响

火场中一氧化碳的浓度（%）	人的呼吸时间（min）	中毒程度
0.1	60	头痛、呕吐
0.5	20～30	有致死的危险
1.0	1～2	可中毒死亡

表 1-2   部分主要有害气体的来源、对人的生理作用及致死浓度

有害气体的来源	主要的生理作用	短期（10min）估计致死浓度（10^{-6}mg/L）
木材、纺织品、聚丙烯腈尼龙、聚氨酯等物质燃烧时分解出的氰化氢	一种迅速致死、窒息性的毒物	350
纺织物燃烧时产生二氧化氮和其他氮的氧气物	肺的强刺激剂，能引起即刻死亡及滞后性伤害	>200

有害气体的来源	主要的生理作用	短期（10min）估计致死浓度（10^{-6}mg/L）
由木材、丝织品、尼龙以及三聚氰胺燃烧产生的氨气	强刺激剂，对眼、鼻有强烈刺激作用	＞1000
PVC 电绝缘材料，其他含氯高分子材料及阻燃处理物热分解产生的氯化氢	呼吸道刺激剂，吸附于微粒上氯化氢的潜在危险性较之等量的气体氯化氢要大	＞500，气体或微粒存在时
氟化树脂类或薄膜类以及某些溴阻燃材料热分解产生的含卤酸气体	呼吸刺激剂 $HF \approx 400$ $COF_2 \approx 100$ $HBr > 500$	＞500
含硫化合物含硫物质燃烧分解产生的二氧化硫	强刺激剂，在远低于致死浓度下即使人难以忍受	＞500
由聚烯烃和纤维素低温热解（400℃）产生的丙醛	潜在的呼吸刺激剂	30～100

（四）烟气

1. 烟气的含义

由燃烧或热解作用所产生的悬浮在大气中可见的固体和（或）液体微粒总和称为烟气。

2. 烟气的产生

当建（构）筑物发生火灾时，建筑材料及装修材料、室内可燃物等在燃烧时所产生的生成物之一是烟气。不论是固态物质、液态物质或是气态物质在燃烧时，都要消耗空气中大量的氧气，并产生大量炽热的烟气。

3. 烟气的危害性

火灾产生的烟气是一种混合物，其中含有一氧化碳、二氧化碳、氯化氢等大量的各种有毒性气体和固体碳颗粒。其危害性主要表现在烟气具有毒害性、减光性和恐怖性。

（1）烟气的毒害性。

1）人生理正常所需要的氧浓度应大于 16％，而烟气中含氧量往往低于此数值。有关试验表明：当空气中含氧量降低到 15％时，人的肌肉活动能力下降；降到 10％～14％时，人就四肢无力，智力混乱，辨不清方向；降到 6％～10％时，人就会晕倒；低于 6％时，人短时间就会死亡。据测定，实际的着火房间中氧气的最低浓度可达到 3％左右，可见在发生火灾时人们要是不及时逃离火场是很危险的。

2）火灾中产生的烟气中含有大量的各种有毒气体，其浓度往往超过人的生理正常所允许的最高浓度，造成人员中毒死亡。试验表明：一氧化碳浓度达到1％时，人在 1min 内死亡；氢氰酸的浓度达到 270×10^{-6} mg/L，人立即死亡；氯化氢的浓度达到 2000×10^{-6} mg/L 以上时，人在数分钟内死亡；二氧化碳的浓度达到 20％时，人在短时间内死亡。

（2）烟气的减光性。可见光波的波长为 $0.4 \sim 0.7 \mu m$，一般火灾烟气中烟粒子粒径为几微米到几十微米，即烟粒子的粒径大于可见光的波长，这些烟粒子对可见光是不透明的，其对可见光有完全的遮蔽作用，当烟气弥漫时，可见光因受到烟粒子的遮蔽而大大减弱，能见度大大降低，这就是烟气的减光性。

（3）烟气的恐怖性。发生火灾时，现场会产生浓密的火焰和烟气，冲出门窗孔洞。浓烟滚滚，烈火熊熊，会使人产生了恐惧感，有的人甚至失去理智，惊慌失措，往往给火场人员疏散造成混乱局面。

（五）火焰、燃烧热和燃烧温度

1. 火焰

（1）火焰的含义及构成。火焰（俗称火苗），是指发光的气相燃烧区域。火焰是由焰心、内焰、外焰三个部分构成。

（2）火焰的颜色。

1）火焰的颜色取决于燃烧物质的化学成分和氧化剂的供应强度。大部分物质燃烧时火焰是橙红色的，但有些物质燃烧时火焰具有特殊的颜色，如硫黄燃烧的火焰是蓝色的，磷和钠燃烧的火焰是黄色的。

2）火焰的颜色与燃烧温度有关，燃烧温度越高，火焰就越接近蓝白色。

3）火焰的颜色与可燃物的含氧量及含碳量也有关。含氧量达到 50％以上的可燃物质燃烧时，火焰几乎无光。如一氧化碳等物质在较强的光照下燃烧，几乎看不到火焰；含氧量在 50％以下的，发出显光（光亮或发黄光）的火焰；相反，如果燃烧物的含碳量达到 60％以上，火焰就显光，而且带有大量黑烟，会出现烟熏。

2. 燃烧热和燃烧温度

燃烧热是指单位质量的物质完全燃烧所释放出的热量。燃烧热值越高的物质燃烧时火势越猛，温度越高，辐射出的热量也越多。物质燃烧时，都能放出热量。这些热量被消耗于加热燃烧产物，并向周围扩散。可燃物质的发热量，取决于物质的化学组成和温度。燃烧温度是指燃烧产物被加热的温度。不同可燃物质在同样条件下燃烧时，燃烧速度快的比燃烧速度慢的燃烧温度高；在同样大小的火焰下，燃烧温度越高，它向周围辐射出的热量就越多，火灾蔓延的速度就越快。

（六）燃烧产物对火灾扑救的影响

1. 燃烧产物对火灾扑救工作的有利方面

（1）在一定条件下可以阻止燃烧进行。因为完全燃烧的产物都是不燃的惰性气体，如二氧化碳、水蒸气等。如果在相对封闭的环境内，如室内火灾，随着燃烧的发展，惰性气体增加，空气中的氧浓度相对减少，燃烧速度会减慢；如果关闭通风的门、窗、孔洞，也会使燃烧速度减慢，直至燃烧停止。

（2）为寻找起火点和火情侦察提供参考依据。不同的物质燃烧，会有不同的燃烧温度，烟雾的颜色、浓度、气味，在不同的风向条件下，烟雾的流动方向也各不相同。在火场上，通过烟雾的这些特征（表1-3中列举了部分可燃物的烟雾特征），消防人员可以大致判断燃烧物质的种类、火势蔓延方向、火灾阶段等。

表 1-3　　　　　　　　　　　部分可燃物的烟雾特征

可燃物	烟雾特征		
	颜色	嗅	味
磷	白色	大蒜嗅	—
镁	白色	—	金属味
钾	浓白色	—	碱味
硫黄	—	硫嗅	碱味
橡胶	棕黑色	硫嗅	碱味
硝基化合物	棕黄色	刺激嗅	碱味
石油产品	黑色	石油嗅	稍有酸味
棉、麻	黑褐色	烧纸嗅	稍有酸味
木材	灰黑色	树脂嗅	稍有酸味
有机玻璃	—	芳香	稍有酸味

2. 燃烧产物对火灾扑救工作的不利方面

（1）妨碍灭火和被困人员自救。烟气具有减光性，火灾现场往往能见度非常低，严重影响人的视线。人在烟雾中的能见距离，一般为 30cm。由于视线影响，人在浓烟中往往辨不清方向，严重妨碍人员安全疏散和消防人员灭火救援。

（2）引起人员中毒、窒息的危险。燃烧产物中有不少是有毒性气体，特别是有些建筑使用塑料和化纤制品做装饰装修材料，这类物质一旦着火就能分解产生大量有毒、有刺激性的气体，往往会通过呼吸道侵入皮肤黏膜或刺激眼结膜，使人中毒、窒息甚至死亡，严重威胁着人员生命安全。因此，在火灾现场做好个人安全防护和防排烟是非常重要的。

（3）高温会使人员烫伤。燃烧产物的烟气中伴有大量的热，温度较高，高温可以使人的心脏加快跳动，产生判断错误；人在这种高温、湿热环境中极易被灼伤、烫伤。研究表明，当环境温度达到 43℃时，人体皮肤的毛细血管扩张爆裂，当在 100℃环境下，一般人只能忍受几分钟，就会使口腔及喉头肿胀而发生窒息，丧失逃生能力。

（4）成为火势发展蔓延的因素。燃烧产物有很高的热能，火灾时极易因热传导、热对流或热辐射引起新的起火点，甚至促使火势形成轰燃的危险。某些不完全燃烧产物能继续燃烧，有的还能与空气形成爆炸性混合物。

第四节 爆　　炸

人类在追求社会文明进步等活动过程中，常常出现各种各样的事故，其中爆炸事故给人们带来损害的结果，尤其给人印象深刻。由于爆炸发生的形式多样，爆炸事故几乎在各类生产企业中都可能发生，因此，掌握一定的工业防爆知识，防爆于未然和减少爆炸事故带来的危害都是十分有益的。

一、爆炸与爆炸事故

（一）爆炸

物质由一种状态迅速转变成另一种状态，并在瞬间放出大量能量，同时产生巨大声响的现象为爆炸。爆炸也可视为气体和蒸汽在瞬间剧烈膨胀的现象。

在爆炸过程中，由于具有高压或爆炸瞬间形成的高温高压气体或蒸汽的骤然膨胀，内能转变成机械功、光和热辐射，使爆点周围介质中的压力发生急剧的突变，这种爆炸体系的高压气体作用到周围物体上，从而产生破坏作用。

（二）爆炸事故

爆炸事故是人们对爆炸失控，并给人们带来财产的损失，生命及健康的损害。多数情况下是指突然发生伴随爆炸声响、空气冲击波及火焰的产生，导致设备设施、产品等物质财富破坏和人员生命与健康受损害等预料之外现象而言的。通常爆炸事故有以下特点：

（1）爆炸事故的突发性。爆炸事故发生的时间和地点常常难以预料，隐患在未爆发之前，人们容易麻痹大意，一旦发生则又措手不及。所以必须警钟长鸣，不能存有侥幸心理。

（2）爆炸事故的复杂性。爆炸事故的成因、影响范围及其后果往往是大不相同的，因此有关人员要加强学习，掌握防爆知识，并建立和完善防爆安全技术措施和管理制度，消除事故隐患。

（3）爆炸事故的严重性。爆炸事故对受灾单位的破坏往往是毁灭性的，会造成人员和财产等诸方面的重大损失。

根据爆炸事故发生的特点，我们防爆工作的重点可以在爆炸条件成熟之前就应采取加强通风以降低形成爆炸性混合物的可能性，降低爆炸场所的危险等级；合理配备防爆设备；加强检测、检验，及时发出警报等安全措施来避免爆炸事故的发生。

二、爆炸的特征及种类

（一）爆炸的特征

爆炸是一种极为迅速的物理或化学能量释放过程，而爆炸做功的根本原因在于系统爆炸的瞬间形成的高温高压气体或蒸汽的骤然膨胀。爆炸的一个主要特征是爆炸点周围介质中发生急剧的压力突变，而这种压力突跃变化是产生爆炸破坏作用的直接原因。通常爆炸具有以下特征：

（1）爆炸过程瞬间完成，并发出或大或小的响声；

（2）爆炸点附近由于生成大量的气体物质而使周围压力急剧升高；

（3）爆炸时多数发出光并释放大量的热能；

（4）爆炸点周围介质发生震动或邻近物质遭到破坏。

（二）爆炸的种类

爆炸可按其不同形式进行分类。

（1）按爆炸的传播速度可分为轻爆、爆炸和爆轰。

1）轻爆通常指传播速度为每秒数十厘米至数米的过程。

2）爆炸指传播速度为每秒十米至数十米的过程。

3）爆轰指传播速度为每秒一千米至七千米的过程。爆轰的特点是：在极短的时间内发生，突然引起极高的压力，其传播速度通过超音速的"冲击波"，燃烧的产物以极高的速度膨胀，挤压周围的空气。其冲击波能远离爆轰源而独立存在，并可引起该处的炸药爆炸，称为诱发爆炸，也就是所谓的"殉爆"。

（2）按爆炸的过程可分为核爆炸、物理爆炸、化学爆炸以及物理与化学综合作用在一起的爆炸。

1）核爆炸是指由于核裂变或聚变反应，释放出核能而形成的爆炸。如原子弹、氢弹等的爆炸就属于核爆炸。

2）物理爆炸是由物理变化引起的，物质状态或压力发生突变而形成的爆炸现象。一般指装在容器内的气体或液体，由于物理变化（温度、体积和压力等因素）引起体积迅速膨胀，导致容器压力急剧上升，由于超压或应力变化使容器发生爆炸，且在爆炸前后物质的性质及化学成分保持不变的现象。如蒸汽锅炉、液化气钢瓶等爆炸属于物理爆炸。虽然物理爆炸本身不进行燃烧反应，但其冲击力有可能直接或间接地引起火灾。

3）化学爆炸是指由于物质本身发生化学反应，产生大量气体并使温度、压力增加或两者同时升高而形成的爆炸现象。如可燃气体、蒸汽或粉尘与空气形成的混合物遇火源而引起的爆炸，炸药的爆炸等都属于化学爆炸。化学爆炸的主要特点是：反应速度快，释放的热能大，产生大量气体和很大的压力，并发出巨大的响声。化学爆炸能够直接引起火灾，具有很大的破坏性，是火灾预防的重点。

（3）按造成爆炸的物质所具有的物理状态可分为四类：①气体、蒸汽爆炸；②雾滴爆炸；③粉尘、纤维爆炸；④炸药爆炸。前三类是可燃物质与空气（或氧）均匀混合后才能发生的爆炸，又称为分散相爆炸；第四类是不需与空气混合的固体或半流体的爆炸，称为凝聚相爆炸。

有的学者则把爆炸分为气相爆炸和凝相爆炸两类，如表1-4和表1-5所示。

（1）气相爆炸包括气体爆炸（混合气体爆炸）：喷雾爆炸、粉尘爆炸、气体分解爆炸（气体爆炸分解）。

（2）凝相爆炸包括液相爆炸和固相爆炸。

1）液相爆炸又包括聚合爆炸、蒸发爆炸、不同液体混合所引起的爆炸。

2）固相爆炸包括爆炸性物质的爆炸、固体物质的混合、混融所引起的爆炸及其因电流过载引起的电缆爆炸等。

表 1-4 气 相 爆 炸 分 类

类别	爆炸原因	举例
混合气体爆炸	可燃气体和助燃气体以适当的浓度混合，由于燃烧或爆炸波的传播面引起	空气和氢气、丙烷、乙醚等混合气体的爆炸
气体分解爆炸	单一气体由于分解反应产生大量的反应热引起的爆炸	乙炔、乙烯、氯乙烯等在分解时引起的爆炸
粉尘爆炸	空气中飞散的易燃性粉尘，由于剧烈燃烧引起的爆炸	空气中飞散的铝粉、镁粉等引起的爆炸
喷雾爆炸	空气中易燃液体被喷成雾状物在剧烈的燃烧时引起的爆炸	油压机喷出的油珠、喷漆作业引起的爆炸

表 1-5 液相爆炸和固相爆炸

类别	爆炸原因	举例
混合危险物质的爆炸	氧化性物质与还原性物质或其他物质混合引起爆炸	硝酸和油脂、液氧和煤粉、无水顺丁烯二酸和烧碱等混合时引起的爆炸
易爆化合物的爆炸	有机过氧化物、硝基化合物、硝酸酯等燃烧引起爆炸和某些化合物有分解反应引起的爆炸	丁酮过氧化物、三硝基甲苯、硝基甘油等的爆炸；二氮化铅、乙酮等的爆炸
导线爆炸	在有过载电流流过时，使导线过热，金属迅速气化而引起的爆炸	导线因电流过载而引起的爆炸
蒸汽爆炸	由于过热发生快速蒸发而引起爆炸	熔融的矿渣与水接触，钢水与水混合爆炸
固相转化时的爆炸	固相相互转化时放出热量，造成空气急速膨胀而引起爆炸	无定形锑转化成结晶形锑时，由于放热而造成爆炸

三、爆炸产生的主要破坏形式

（1）震荡作用在遍及破坏作用的区域内，有一个能使物体震荡、松散的力量。

（2）冲击波随着爆炸的出现，冲击波最初出现正压力，而后又出现负压力，从而对附近的建筑物造成破坏。

（3）碎片冲击机械设备、装置、容器等爆炸后，变成碎片对人员和财产造成危害。

（4）造成火灾通常爆炸气体扩散只发生在极其短促的瞬间，对一般的物质不足以造成起火燃烧，其冲击波还有灭火作用。但建筑内的余热或残余的火苗，会把不断从破坏的设备内流出的可燃物质点燃。

四、爆炸极限

可燃性物质产生爆炸，必须同时满足组分条件（浓度条件）和能量条件（点火源）。即可燃液体的蒸汽、可燃气体和粉尘、纤维与空气或氧气的混合物在一定比例浓度范围内时，若遇到明火、火花等点火源，就会发生燃烧爆炸。发生爆炸的上述混合物最低浓度称为爆炸下限，最高浓度称为爆炸上限，爆炸下限（L）和上限（U）之间的浓度范围是爆炸极限范围浓度。

爆炸极限的概念，是衡量有可燃气体、易燃液体的蒸汽和可燃性粉尘、纤维作业场所是否有爆炸危险的重要指标。爆炸下限越低，爆炸极限范围越宽，则危险性越大。例如汽油的爆炸极限范围为 1.1%～7.0%，而乙炔的爆炸范围为1.5%～82.0%，因此乙炔发生爆炸的机会多，但汽油的爆炸下限比乙炔的爆炸下限低，因而汽油比乙炔容易发生爆炸。

影响爆炸极限因素有以下几点：

（1）混合物的初始温度。一般来说，混合物的初始温度高，则爆炸下限降低。例如有人测得石油醚的燃爆下限在 0℃时为 2.26%，100℃时降为 1.96%；200℃时降至 1.63%。

（2）混合物的初始压力。混合物的初始压力高，则燃爆下限降低，爆炸危险性增大。反之，混合物的初始压力减低，燃爆下限上升，燃爆下限和上限之间差距缩小；压力降低至某一点时，上、下限合为一点，这时的压力称为爆炸临界压力。压力低于临界压力值时，混合物就失去了燃爆性。

（3）空气中的氧含量。空气中的氧含量增加时，燃爆下限降低，混合物的爆炸危险性增大。反之，混合物中氧含量减少时，其爆炸危险性也相应减小。所以常在易燃气体或蒸汽中掺入氮气、二氧化碳等惰性气体，使混合物中氧含量减少到不适程度，即可避免发生燃烧爆炸事故。

（4）惰性气体含量。爆炸性混合气体中有惰性气体的存在，爆炸范围将缩小，当惰性气体增加到一定的量，则不能爆炸。

（5）粉尘粒度。对于可燃性粉尘与空气的混合物，粉尘粒度越细，则相对表面越多，分散度越大，其燃爆下限就越低，发生燃爆的危险性便越大。一般可燃性粉尘的颗粒直径小于 0.01mm 时，才可悬浮于空气中形成燃爆混合物。

第五节 灭火基本原则

一、火灾的五个阶段

火灾通常都有一个从小到大、逐步发展，直至熄灭的过程。这个过程一般分为初起、发展、猛烈、下降和熄灭五个阶段。

（1）初起阶段：物质在起火后的几分钟里，燃烧面积不大，烟气流动速度较缓慢，火焰辐射出的能量还不多，周围物品和结构开始受热，温度上升不快，但呈上升趋势，在这个阶段，用较少的人力和应急的灭火器材就能将火控制住或扑灭，是扑救火灾的最佳阶段。

（2）发展阶段：由于燃烧强度增大，载热 500℃ 以上的烟气流加上火焰的辐射热作用，使得周围可燃物品和结构受热开始分解，气体对流加强，燃烧面积扩大，燃烧速度加快，进入燃烧发展阶段，在这个阶段需要投入较多的力量和灭火器材才能将火扑灭。

（3）猛烈阶段：火灾猛烈阶段是由于燃烧面积扩大，大量的热释放出来，空间温度急剧上升。使周围可燃物品几乎全部卷入燃烧，火势达到猛烈的程度。这个阶段，燃烧强度最大，热辐射最强，温度和烟气对流达到最大限度，不燃材料和结构的机械强度受到破坏，以致发生变形或倒塌，大火突破建筑物外壳，并向周围扩大蔓延，是火灾最难扑救的阶段，不仅需要很多的力量和器材扑救火灾，而且需要相当的力量和器材保护周围建筑物和物品，以防火势蔓延。

（4）下降阶段和熄灭阶段：下降和熄灭阶段是火场火势被控制以后，由于灭火剂的作用或因燃烧材料已烧至殆尽，火势逐渐减弱直到熄灭这一过程。

根据火灾发展的阶段性特点，在灭火过程中，要抓紧时机，正确运用灭火原理，有效控制火势，力争将火灾扑灭在初起阶段。

二、防火防爆的基本原理和措施

根据物质燃烧原因和爆炸形成的基本条件，为了有效地防止火灾爆炸事故的发生，必须针对不同物质的火灾危险特性，采取相应的防范措施，控制燃烧爆炸条件的形成和相互作用，达到预防火灾的目的。同时还要控制燃烧蔓延途径和爆炸冲击波的扩散，避免更大范围的火灾爆炸事故的发生。具体有以下几项措施：①排除发生火灾爆炸事故的物质条件；②控制和消除一切点火源；③控制火势蔓延途径；④防止爆炸波的冲击、扩散。

1. 排除发生火灾或爆炸事故的物质条件（即控制可燃物，防止形成爆炸介质）

（1）在易燃易爆化学物品生产、储存、运输等环节中做好防火安全管理，防止易燃、易爆化学物品泄漏、扩散或与空气混合形成爆炸性混合气体；

（2）在可能积聚可燃气体、蒸汽、粉尘的场所，要设置良好的通风除尘装置，降低空气中可燃物的浓度，使其含量在爆炸极限浓度以下。

2. 控制和消除一切点火源

（1）消除明火。如危险场所严禁携带烟火，不得使用明火作业和用电炉做饭等。

（2）消除电气火花。如易燃易爆场所应选用防爆型或封闭式电气设备和开关；线路应穿管保护，严禁私接乱接电线和使用普通电器。

（3）防止静电火花。如严禁穿化纤衣物进入易燃易爆场所；保持设备静电接地良好。

（4）防止雷击。即安装必须的防雷设施，避免雷击或雷电感应打火。

（5）防止摩擦撞击打火。如钢铁、玻璃、石料、混凝土地面、瓷砖等材料，在相互摩擦撞击时能够产生温度很高的火花。因此易燃易爆场所严禁使用铁制工具和穿带钉子的鞋。

（6）避免暴晒、高温烘烤、故障发热或化学反应发热等。

3. 控制火势蔓延途径

如易燃易爆化学物品贮存仓库之间、油罐之间留出适当的防火间距；设置防油堤、防液堤、隔火水封井、防火墙等，都是为了避免火灾情况下因火势蔓延，造成相邻危险品贮罐、仓库的燃烧或爆炸，酿成更大的事故。

4. 限制爆炸波的冲击、扩散

例如在有可燃气体、液体蒸汽和粉尘的厂房设泄压门窗、轻质屋顶；在有放热、产生气体、形成高压的反应器上装设安全阀、防爆片；在燃油、燃气、燃煤类的燃烧室外或底部，设置防爆门（窗）、防爆球阀；在有易燃物料的反应器、反应塔、高压容器顶部装设空管等。

三、灭火的基本原理和措施

根据燃烧基本理论，只要破坏已形成的燃烧条件，就可使燃烧停止，最大限度地减少火灾危害。

1. 冷却灭火

冷却灭火是根据可燃物质发生燃烧时必须达到一定的温度这个条件，将灭火剂直接喷洒在燃烧着的物体上，使可燃物质的温度降到燃点以下，从而使燃烧停止。用水冷却灭火，是扑救火灾的常用方法。用二氧化碳灭火剂冷却效果更好，二氧化碳在迅速气化时吸收大量的热量，能很快降低燃烧区的温度，且能减少局部空间氧气含量，使燃烧终止。

火场上，除用冷却法直接扑灭火灾外，还常用水冷却尚未燃烧的可燃物质，防止其达到燃点而着火。还可以水冷却建筑构件、生产装置和容器等，以防它们受热后压力增大变形或爆炸。

2. 隔离灭火

隔离灭火是根据发生燃烧必须具备可燃物这个条件，将燃烧物与附近的可燃物隔离或分散开，使燃烧停止。这种灭火方法，是扑救火灾比较常用的种方法，适用于扑救各种固体、液体和气体火灾。比如：火灾中，关闭管道阀门，切断流向着火区的可燃气体和液体管道；打开有关阀门，使已经燃烧的容器或受到火焰烧烤、辐射的容器中的液体可燃物通过管道引流到安全区；拆除与火源毗连的易燃建筑物，搬走火源附近的可燃物等。

3. 窒息灭火

窒息灭火是根据可燃物质发生燃烧通常需要足够的空气（氧）这个条件，采取适当措施来防止空气流入燃烧区，或者用惰性气体稀释空气中氧的含量，使燃烧物质因缺乏或断绝氧气而熄灭。这种灭火方法，适用于扑救封闭性较强的空间或设备容器内的火灾。

运用窒息原理灭火时，可以采用石棉被、湿棉被、湿帆布等不燃或难燃材料覆盖燃烧物或封闭孔洞，用水蒸气、泡沫、二氧化碳、氮气、惰性气体等充入燃烧区域内，利用建筑物上原有的门、窗以及设备上的部件，封闭燃烧区，阻止新鲜空气流入。

有关灭火的基本原理和措施见表 1-6。

表 1-6   灭火基本原理和措施

措施	原理	措施举例
冷却法	降低燃烧物的温度	1. 用直流水喷射着火物； 2. 不间断地向着火物附近的未燃烧物喷水降温等
窒息法	消除助燃物	1. 封闭着火的空间； 2. 往着火的空间充灌惰性气体、水蒸气； 3. 石棉被、湿棉被、湿帆布等捂盖已着火的物质； 4. 向着火物上喷射二氧化碳、干粉、泡沫、喷雾水等
隔离法	使着火物与火源隔离	1. 将没着火物质搬迁转移到安全处； 2. 拆除其毗连的可燃建（构）筑物； 3. 关闭燃烧气体（液体）的阀门，切断气体（液体）来源； 4. 用沙土等堵截流散的燃烧液体； 5. 用难燃或不燃物体遮盖受火势威胁的可燃物质等

四、初起火灾报警及处置

综观火势发展的过程，初起阶段易于控制和消灭，所以要千方百计抓住这个有利时机扑灭初起火灾。如果错过初起阶段再去扑救，就必须运用更多的人力和物力，付出很大的代价，造成严重的损失和危害。

（一）报警

《中华人民共和国消防法》明确规定，报警是每个公民应尽的义务。实践证明，报警晚是火灾损失扩大的重要原因之一，除自燃和易燃易爆危险物品发生的特殊火灾外，几乎所有重特大火灾都与报警晚有密切关系。

在起火之后的十几分钟内，能否将火扑灭，不酿成大火，这是个关键的时刻。把握住这个关键时刻主要有两条：一是利用现场灭火器材及时扑救，二是同时报火警，以便调集足够的力量，尽早地控制和扑灭火灾。不管火势大小，只要发现失火，就应立即报警。因为火势的发展是难以预料的，如扑救方法不当，对起火物质的性质不了解，灭火器材的效用所限等原因，均有可能控制不住火势而酿成大火，此刻才想起报警，就算消防队到场扑救，也必然费力费时，造成较大损失。有时由于火势已发展到猛烈阶段，大势已定，消防队到场只能控制火势不使之蔓延扩大，但损失和危害已成定局，所以报警早，损失小，就是这个道理。及时报火警，这是起火之后的首要行动之一。

1. 报警的方法

除装有自动报警系统的单位可以自动报警外，其他单位或个人可根据条件分别采取以下方法报警。

(1) 向单位和周围的人群报警。

1) 使用手动报警设备。如使用电话、警铃、汽笛、敲钟、手提报警或其他平时约定的报警手段报警。

2) 派人到单位（地区）的专职消防队报警。

3) 拨打内线或专线电话向本单位（地区）的专职消防队报警。

4) 使用有线广播报警。

5) 农村可以使用敲锣等方法报警。

6) 大声呼喊报警。

(2) 向消防队报警

1) 拨打"119"火警电话向消防队报警。

2) 与消防队有对讲（专线）电话的，要立即用专线电话报警。

3) 与消防队（防火指挥中心）有无线报警联网的及时用无线报警设备报警。

4) 没有电话且离消防队较近时，可骑自行车或拦车、驾车到消防队报警。

总之，方法要因地制宜，以最快的速度将火警报出去为目的。

2. 报告火警的内容

在拨打火警电话向消防队报火警时，必须讲清以下内容：

(1) 发生火灾单位或个人的详细地址。包括街道名称、门牌号码，靠近何处；农村发生火灾要讲明县、乡（镇）、村庄名称；大型企业要讲明分厂、车间或部门；高层建筑要讲明第几层楼等。总之，地址要讲得明确、具体。

(2) 起火物。如房屋、商店、油库、露天堆场等；房屋着火最好讲明何建筑，如棚屋、砖木结构、新式工房、高层建筑等；尤其要注意讲明的是起火物为何物，如液化石油气、汽油、化学试剂、棉花、麦秸等都应讲明白，以便防火部门根据情况派出相应的灭火车辆。

(3) 火势情况。如只见冒烟、有火光、火势猛烈，有多少间房屋着火等。

(4) 报警人姓名及所用电话的号码。以便消防队电话联系，了解火场情况。报火警之后，还应派人到路口接应消防车。

(二) 初起火灾的扑救

在火灾发展变化中，初起阶段是火灾扑救最有利的阶段，将火灾控制和消灭在初起阶段，就能赢得灭火战斗的主动权，就能显著减少事故损失，反之就会被动，就会造成难以收拾的局面。

1. 初起火灾的扑救原则

（1）救人第一和集中兵力的原则。

1）救人第一原则，是指火场上如果有人受到火势威胁，各级机关、团体、企业事业单位、社区的消防人员及在场群众的首要任务就是把被火围困的人员抢救出来，因为人是社会最宝贵的财富。

2）集中兵力，是指单位和居民发生火灾时，有关负责人要按照预案把灭火力量和灭火器材集中到火场，以利于最短的时间内抢救被困人员和扑灭初起火灾。在具体实施中，要做到：集中兵力于火场，集中兵力于火场的主要方面，集中使用灭火器材。

《消防法》规定："发生火灾的单位必须立即组织扑救火灾。邻近单位应当给予支援"。说明任何单位、地区发生火灾，单位领导和防火安全干部除了有立即组织本单位专职、义务防火队员扑救火灾的责任和义务外，也有组织邻近单位防火队员，参与火灾扑救的义务。作为邻近单位，在相邻单位发生火灾时，也有支援灭火的义务。

（2）先控制、后消灭的原则。先控制、后消灭，是指对于不可能立即扑灭的火灾，要首先控制火势的继续蔓延扩大，在具备了扑灭火灾的条件时，再展开全面进攻，一举消灭。先控制、后消灭，在灭火过程中是紧密相连、不能截然分开的，只有首先控制火势，才能迅速将火灾扑灭。

（3）先重点、后一般的原则。先重点、后一般，是就整个火场情况而言的。运用这一原则，要全面了解并认真分析火场的情况，主要是：

1）人和物相比，救人是重点。

2）贵重物资和一般物资相比，保护和抢救贵重物资是重点。

3）火势蔓延猛烈的方面和其他方面相比，控制火势蔓延猛烈的方面是重点。

4）有爆炸、毒害、倒塌危险的方面和没有这些危险的方面相比，处置这些危险的方面是重点。

5）火场上的下风方向与上风、侧风方向相比，下风方向是重点。

6）可燃物资集中区域和这类物品较少的区域相比，这类物品集中区域是保护重点。

7）要害部位和其他部位相比，要害部位是火场上的重点。

2. 安全疏散与逃生的组织指挥方法

（1）人员的安全疏散与逃生自救。火灾时，在场人员有被烟气中毒、窒息以及被热辐射、热气流烧伤的危险。当人员安全受到威胁，或人员受伤、被困时，指挥人员必须积极组织抢救和疏散。

（2）物资的疏散。火场内的物资疏散应该是有组织地进行，目的是为了最大限度地减少损失，防止火势蔓延和扩大。

（3）特殊场所的疏散。影剧院、歌舞厅、体育馆、礼堂、医院、学校以及商店、集贸市场或地下建筑等人员聚集场所，一旦起火，如果组织疏散不力，就会造成重大伤亡事故，因此，人员疏散是头等任务。

要制订安全疏散方案。按人员的分布情况，制订发生火灾情况下的安全疏散路线，并绘制平面图，用醒目的箭头标示出出入口和疏散路线。平时要进行训练，以便火灾时按疏散方案有秩序地进行疏散。工作人员应履行职责，坚守岗位，保证安全走道、楼梯和出口畅通无阻。安全出口不得锁闭，通道不得堆放物资。组织疏散时应进行宣传，稳定情绪，维持好秩序，防止互相拥挤，要扶老携幼，要帮助残疾人和有病行动不便的人一道撤离火场。

3. 特殊情况的紧急处置

（1）液体石油气泄漏事故的安全处置措施。

1）显示泄漏信号。对于液化石油气的储存、生产单位来说，平时采用升旗、鸣放音响等方法来规定泄漏信号。一旦发生泄漏事故，马上显示泄漏信号，及时向邻近单位和周围居民通告：一是禁止各种点火源的出现；二是向安全地带（上风向）疏散受气云威胁的群众。

2）划出警戒范围。液化石油气泄涌后形成的白色气云随着空气的流动会四处飘散。根据其飘散的具体情况和周围的地理环境，要迅速划出警戒范围，并在交通要道和主要路口派人实施警戒，严禁各种车辆和无关人员进入。进入现场的人员严禁携带和使用不防爆的手机、对讲机、手电等，控制和消除泄漏扩散区域内的一切点火源（如静电、电火花、摩擦、撞击、剥离等产生的点火源）。

3）立即设法堵漏。液化石油气泄漏，在实施警戒后，要组织精干力量查明泄漏点，并使用应急堵漏器材，迅速实施堵漏作业，能关阀的要迅速关阀断料；无法关阀的，要用夹推坚固，麻袋捆扎喷水冷冻；设置充垫快干型水泥，采用堵漏密封黏接剂等方法堵漏。小型钢瓶泄漏可用肥皂封堵后转移到安全地带再作处理。堵漏时严禁使用发火工具；堵漏现场及液体石油气扩散区域内减少人员；堵漏操作人员应作全身气密性防护，并将全身淋湿，防止发生爆燃后造成全身性烧伤。

4）开启固定冷却水系统或用消防车辆对设备喷水保护。当液化石油气泄漏严重时，应将泄漏点附近储罐及液化石油气扩散范围内储罐上的固定水喷雾系统开启，同时对水泵房采取水幕保护措施。防止液化石油气扩散至泵房，接触电气火花引起爆炸，破坏冷却系统或使罐体开裂，造成恶性事故。

5）对飘散的气体进行吹扫。因液化石油气的气体比空气重，在飘散过程中可长时间停留在低洼处，因此用水蒸气或喷雾水来进行吹扫，以进步消除因泄漏可能造成爆炸和着火的危险。

（2）电气线路和设备起火时的安全处置。

1）电气线路和设备发生火灾，一般形成两种情况：一是电气线路和设备起火后，将周围的可燃物引燃；二是电气线路和设备本身的燃烧往往形成一条"火龙"。处置电气线路和设备火灾的关键是，既要防止人员的触电伤亡事故，又要尽快将火势控制住或扑灭掉。

2）灭火时的安全处置措施：①禁止无关人员进入着火现场，以免发生触电伤亡事故。②迅速切断电源，保证灭火的顺利进行。③正确选用灭火剂进行扑救。④采取安全措施，带电灭火。

（3）毒气或异常气味时的安全处置。在火场上经常遇到的有毒气体，是由于氧气不足而产生的一氧化碳，以及氯化氢、二氧化碳、氰化物等燃烧产物。在一些特别场所还会散发出乙炔、石油气、煤气、氯气等。有时还会遇到一些异常气味，难以搞清气体的种类。火场的燃烧产物和一些气体对人体有很大危害，有些气体不定期有着火、爆炸危险，为保障火场内人员的安全，必须采取防毒安全措施。

1）要查清毒气的种类和扩散的范围，并尽快通知有可能遭受毒害的单位和住户，让其尽快撤离或将门、窗关闭。

2）在房间内发觉有毒气或异常气味时，应尽快打开门、窗，进行自然通风。

3）在查清毒气种类和范围的同时，应尽快找出毒气的泄漏地点，并想尽办法进行堵塞，止住泄漏。

4）对已经出现的各种有毒气体，可用喷雾水进行驱赶。驱赶时应尽量站在上风方向，借助风的作用增强驱赶效果，并能有效地防止人员中毒。

5）在有毒气体或异常气味的环境中进行各项作业时，必须使用各种呼吸器具或湿毛巾、口罩等简便器材进行防护，如出现头昏、恶心、呼吸困难等症状时，应进行救护。

第二章　变电站消防安全管理

第一节　概　　述

为了规范电力设备及其相关设施的消防安全管理，预防和减少火灾危害，保障人身、设备和电网安全，保证变电站的安全生产，坚持"安全第一"的指导思想，按照"谁主管，谁负责"的原则，变电站的消防管理应实施逐级消防安全责任制，并明确各级、各岗位消防安全责任人及其职责。

为贯彻落实"预防为主，防消结合"的消防工作方针，变电站内的消防管理工作应坚持"安全自查、隐患自除、责任自负"的原则，定期开展变电站内的防火检查、巡查，督查火灾隐患整改，及时处理涉及变电站消防安全的重大问题。建立常态化火灾隐患排查整治机制，组织实施火灾隐患排查和整治工作。

根据变电站内的消防需要建立专职（志愿）消防队、微型消防站，加强队伍建设，定期组织训练演练，加强消防装备配备和灭火药剂储备，建立与公共消防力量联防联控联勤联动机制，提高扑救初起火灾能力。同时保证变电站内防火检查巡查、消防设施器材维护保养、建筑消防设施检测、火灾隐患整改、专职（志愿）消防队和微型消防站建设等消防工作所需的必要经费和组织保障。

本章主要介绍了消防安全责任制、变电站消防管理基本工作及组织机构、变电站消防隐患排查、微型消防站的建设和变电站电气设备一般消防。

第二节　消 防 安 全 责 任 制

一、安全生产委员会消防安全主要职责

多年来防火工作的实践证明，防火安全责任制是一项十分必要，而且行之有

效的火灾预控制度，也是落实各项火灾预防措施、制度的重要保障。所以《中华人民共和国消防法》规定，消防工作实行消防安全责任制，认真履行法律规定的消防安全职责。根据国家安全生产法，每个单位均要成立安全生产委员会，并负责、领导和组织本单位的安全生产。消防安全也是其中的一部分。安全生产委员会消防安全主要职责有：

（1）组织贯彻落实国家有关消防安全的法律、法规、标准和规定（以下简称消防法规），建立健全本单位的消防安全责任制和规章制度，对落实情况进行监督、考核。

（2）建立消防安全保证和监督体系，督促两个体系各司其职。明确消防工作归口管理职能部门（简称消防管理部门）和消防安全监督部门（简称安监部门），确保消防管理和安监部门的人员配置与其承担的职责相适应。

（3）制定本单位的消防安全目标并组织落实，定期研究、部署本单位的消防安全工作。

（4）深入现场，了解单位的消防安全情况，推广消防先进管理经验和先进技术，对存在的重大或共性问题进行分析，制定针对性的整改措施，并督促措施的落实。

（5）组织或参与火灾事故调查。

（6）对消防安全做出贡献者给予表扬或奖励；对负有事故责任者，给予批评或处罚。

二、消防安全责任人主要职责

消防安全责任人，一般由每个单位、部门的第一负责人担任。其主要职责有：

（1）贯彻执行消防法规，保障单位消防安全符合规定，掌握本单位的消防安全情况。

（2）将消防工作与本单位的生产、科研、经营、管理等活动统筹安排，批准实施年度消防工作计划。

（3）为本单位的消防安全提供必要的经费和组织保障。

（4）确定逐级消防安全责任，批准实施消防安全管理制度和保障消防安全的操作规程。

（5）组织防火检查，督促落实火灾隐患整改，及时处理涉及消防安全的重大问题。

（6）根据消防法规的规定建立专职消防队、志愿消防队。

（7）组织制定符合本单位实际的灭火和应急疏散预案，并实施演练。

（8）确定本单位消防安全管理人。

（9）发生火灾事故做到事故原因不清不放过，责任者和应受教育者没有受到教育不放过，没有采取防范措施不放过，责任人员未受到处理不放过。

三、消防安全管理人主要职责

消防安全管理人，就是对本单位消防安全责任人负责的分管消防安全工作的单位、部门领导。

（1）拟订年度消防工作计划，组织实施日常消防安全管理工作。

（2）组织制订消防安全管理制度和保障消防安全的操作规程并检查督促其落实。

（3）拟订消防安全工作的资金投入和组织保障方案。

（4）组织实施防火检查和火灾隐患整改工作。

（5）组织实施对本单位消防设施、灭火器材和消防安全标志维护保养，确保其完好有效，确保疏散通道和安全出口畅通。

（6）组织管理专职消防队和志愿消防队。

（7）组织员工进行消防知识的宣传教育和技能培训，组织灭火和应急疏散预案的实施和演练。

（8）单位消防安全责任人委托的其他消防安全管理工作。

（9）应定期向消防安全责任人报告消防安全情况，及时报告涉及消防安全的重大问题。

四、消防管理部门主要职责

（1）贯彻执行消防法规、本单位消防安全管理制度。

（2）拟定逐级消防安全责任制，及其消防安全管理制度。

（3）指导、督促各相关部门制定和执行各岗位消防安全职责、消防安全操作规程和消防设施运行和检修规程等制度，以及制定发电厂厂房、车间、变电站、换流站、调度楼、控制楼、油罐区等重要场所及重点部位的灭火和应急疏散预案。

（4）定期向消防安全管理人报告消防安全情况，及时报告涉及消防安全的重大问题。

（5）拟订年度消防管理工作计划。

（6）拟订消防知识、技能的宣传教育和培训计划，经批准后组织实施。

（7）负责消防安全标志设置，负责或指导、督促有关部门做好消防设施、器材配置、检验、维修、保养等管理工作，确保完好有效。

（8）管理专职消防队和志愿消防队。根据消防法规、公安消防部门的规定和实际情况配备专职消防员和消防装备器材，组织实施专业技能训练，维护保养装备器材。志愿消防员的人数不应少于职工总数的 10%，重点部位人数不应少于 50%，且人员分布要均匀；年龄男性一般不超 55 岁、女性一般不超 45 岁，能行使职责工作。根据志愿消防人员变动、身体和年龄等情况，及时进行调整或补充，并公布。

（9）确定消防安全重点部位，建立消防档案。

（10）将消防费用纳入年度预算管理，确保消防安全资金的落实，包括消防安全设施、器材、教育培训资金，以及兑现奖惩等。

（11）督促有关部门落实凡新建、改建、扩建工程的消防设施必须与主体设备（项目）同时设计、同时施工、同时投入生产或使用。

（12）指导、督促有关部门确保疏散通道、安全出口、消防车通道畅通，保证防火防烟分区、防火间距符合消防标准。

（13）指导、督促有关部门按照要求组织发电厂厂房、车间、变电站、换流站、调度楼、控制楼、油罐区等重要场所及重点部位的灭火和应急疏散演练。

（14）指导、督促有关部门实行每月防火检查、每日防火巡查，建立检查和巡查记录，及时消除消防安全隐患。

（15）发生火灾时，立即组织实施灭火和应急疏散预案。

五、安监部门主要职责

（1）熟悉国家有关消防法规，以及公安消防部门的工作要求；熟悉本单位消防安全管理制度，并对贯彻落实情况进行监督。

（2）拟订年度消防安全监督工作计划，制定消防安全监督制度。

（3）组织消防安全监督检查，建立消防安全检查、消防安全隐患和处理情况记录，督促隐患整改。

（4）定期向消防安全管理人报告消防安全情况，及时报告涉及消防安全的重大问题。

（5）对各级、各岗位消防安全责任制等制度的落实情况进行监督考核。

（6）协助公安消防部门对火灾事故的调查。

六、志愿消防员主要职责

（1）掌握各类消防设施、消防器材和正压式消防空气呼吸器等的适用范围和使用方法。

（2）熟知相关的灭火和应急疏散预案，发生火灾时能熟练扑救初起火灾、组织引导人员安全疏散及进行应急救援。

（3）根据工作安排负责一、二级动火作业的现场消防监护工作。

七、专职消防员主要职责

（1）应按照有关要求接受岗前培训和在岗培训。

（2）熟知单位灭火和应急疏散预案，参加消防活动和进行灭火训练，发生火灾时能熟练扑救火灾、组织引导人员安全疏散。

（3）做好消防装备、器材检查、保养和管理，保证其完好有效。

（4）政府部门规定的其他职责。

第三节 变电站消防管理基本工作及组织机构

一、消防安全管理制度

1.消防安全管理制度的内容

（1）各级和各岗位消防安全职责、消防安全责任制考核、动火管理、消防安全操作规定、消防设施运行规程、消防设施检修规程。

（2）电缆、电缆间、电缆通道防火管理，消防设施与主体设备或项目同时设计、同时施工、同时投产管理，消防安全重点部位管理。

（3）消防安全教育培训，防火巡查、检查，消防控制室值班管理，消防设施、器材管理，火灾隐患整改，用火、用电安全管理。

（4）易燃易爆危险物品和场所防火防爆管理，专职和志愿消防队管理，疏散、安全出口、消防车通道管理，燃气和电气设备的检查和管理（包括防雷、防静电）。

（5）消防安全工作考评和奖惩，灭火和应急疏散预案以及演练。

（6）根据有关规定和单位实际需要制定其他消防安全管理制度。

2. 应建立健全消防档案管理制度

消防档案应当包括消防安全基本情况和消防安全管理情况。消防档案应当翔实，全面反映单位消防工作的基本情况，并附有必要的图表，根据情况变化及时更新。单位应当对消防档案统一保管。

二、消防安全重点单位和重点部位

（1）发电单位和电网经营单位是消防安全重点单位，应严格管理。

（2）消防安全重点部位应包括：

1）油罐区（包括燃油库、绝缘油库、透平油库）、制氢站、供氢站、发电机、变压器等注油设备，电缆间以及电缆通道、调度室、控制室、集控室、计算机房、通信机房、风力发电机组机舱及塔筒。

2）换流站阀厅、电子设备间、铅酸蓄电池室、天然气调压站、储氨站、液化气站、乙炔站、档案室、油处理室、秸秆仓库或堆场、易燃易爆物品存放场所。

3）发生火灾可能严重危及人身、电力设备和电网安全以及对消防安全有重大影响的部位。

（3）消防安全重点部位应当建立岗位防火职责。

设置明显的防火标志，并在出入口位置悬挂防火警示标示牌。标示牌的内容应包括消防安全重点部位的名称、消防管理措施、灭火和应急疏散方案及防火责任人。

三、消防安全教育培训

（1）应当根据本单位特点，建立健全消防安全教育培训制度，明确机构和人员，保障教育培训工作经费。按照下列规定对员工进行消防安全教育培训：

1）定期开展形式多样的消防安全宣传教育。

2）对新上岗和进入新岗位的员工进行上岗前消防安全培训，经考试合格方能上岗。

3）对在岗的员工每年至少进行一次消防安全培训。

（2）下列人员应当接受消防安全专门培训：

1）单位的消防安全责任人、消防安全管理人。

2）专、兼职消防管理人员。

3）消防控制室的值班人员、消防设施操作人员，应通过消防行业特有工种职业技能鉴定，持有初级技能以上等级的职业资格证书。

4）其他依照规定应当接受消防安全专门培训的人员。

（3）消防安全教育培训的内容应符合全国统一的消防安全教育培训大纲的要求，主要包括国家消防工作方针、政策，消防法律法规，火灾预防知识，火灾扑救、人员疏散逃生和自救互救知识，其他应当教育培训的内容。

（4）应根据不同对象开展有侧重的培训。通过培训应使员工懂基本消防常识、懂本岗位产生火灾的危险源、懂本岗位预防火灾的措施、懂疏散逃生方法；会报火警、会使用灭火器材灭火、会查改火灾隐患、会扑救初起火灾。

四、灭火和应急疏散预案及演练

（1）单位应制定灭火和应急疏散预案，灭火和应急疏散预案应包括发电厂厂房、车间、变电站、换流站、调度楼、控制楼、油罐区等重点部位和场所。

（2）灭火和应急疏散预案应切合本单位实际及符合有关规范要求。

（3）应当按照灭火和应急疏散预案，至少每半年进行一次演练，及时总结经验，不断完善预案。消防演练时，应当设置明显标识并事先告知演练范围内的人员。

五、防火检查

（1）单位应进行每日防火巡查，并确定巡查的人员、内容、部位和频次。防火巡查应包括下列内容：

1）用火、用电有无违章；安全出口、疏散通道是否畅通，安全疏散指示标志、应急照明是否完好；消防设施、器材情况。

2）消防安全标志是否在位、完整；常闭式防火门是否处于关闭状态，防火卷帘下是否堆放物品影响使用等消防安全情况。

3）防火巡查人员应当及时纠正违章行为，妥善处置发现的问题和火灾危险，无法当场处置的，应当立即报告。发现初起火灾应立即报警并及时扑救。

4）防火巡查应填写巡查记录，巡查人员及其主管人员应在巡查记录上签名。

（2）单位应至少每月进行一次防火检查。防火检查应包括下列内容：

1）火灾隐患的整改情况以及防范措施的落实；安全疏散通道、疏散指示标志、应急照明和安全出口；消防车通道、消防水源；用火、用电有无违章情况。

2）重点工种人员以及其他员工消防知识的掌握；消防安全重点部位的管理情况；易燃易爆危险物品和场所防火防爆措施的落实以及其他重要物资的防火安全情况。

3）消防控制室值班和消防设施运行、记录情况；防火巡查情况；消防安全标志的设置和完好、有效情况；电缆封堵、阻火隔断、防火涂层、槽盒是否符合要求。

4）消防设施日常管理情况，是否放在正常状态，建筑消防设施每年检测；灭火器材配置和管理；动火工作执行动火制度；开展消防安全学习教育和培训情况。

5）灭火和应急疏散演练情况等需要检查的内容。

6）发现问题应及时处置。防火检查应当填写检查记录。检查人员和被检查部门负责人应当在检查记录上签名。

（3）应定期进行消防安全监督检查，检查应包括下列内容：

1）建筑物或者场所依法通过消防验收或者进行消防竣工验收备案。

2）新建、改建、扩建工程，消防设施与主体设备或项目同时设计、同时施工、同时投入生产或使用，并通过消防验收。

3）制定消防安全制度、灭火和应急疏散预案，以及制度执行情况。

4）建筑消防设施定期检测、保养情况，消防设施、器材和消防安全标志。

5）电器线路、燃气管路定期维护保养、检测。

6）疏散通道、安全出口、消防车通道、防火分区、防火间距。

7）组织防火检查，特殊工种人员参加消防安全专门培训，持证上岗情况。

8）开展每日防火巡查和每月防火检查，记录情况。

9）定期组织消防安全培训和消防演练。

10）建立消防档案、确定消防安全重点部位等。

11）对人员密集场所，还应检查灭火和应急疏散预案中承担灭火和组织疏散任务的人员是否确定。

（4）防火检查应当填写检查记录，记录包括发现的消防安全违法违章行为、责令改正的情况等。

第四节　变电站消防检查及隐患排查

一、防火检查、巡查

（1）变电站运维单位应当对所管理的变电站开展例行巡视和全面巡视，例行巡视和全面巡视时应当按照公司有关规定开展防火检查。

（2）例行巡视 220kV 及以上变电站每周不少于一次，110kV 及以下变电站每两周不少于一次。全面巡视 220kV 及以上变电站每月不少于一次，110kV 及以下变电站每两月不少于一次。

（3）例行巡视的防火检查应当包括下列内容：

1）安全疏散通道、疏散指示标志、应急照明和安全出口情况。

2）消防车通道、消防水源情况。

3）用火、用电有无违章情况。

4）易燃易爆物品和场所防火防爆措施的落实情况以及其他重要物资的防火安全情况。

5）消防安全标志的设置情况和完好、有效情况。

（4）全面巡视的防火检查应当包括下列内容：

1）例行巡视防火检查需要检查的全部内容。

2）消防安全问题的整改情况以及防范措施的落实情况。

3）灭火器材配置及有效情况。

4）变电站安保人员消防知识的掌握情况。

5）消防安全重点部位的管理情况。

6）自动消防设施值班操作人员在岗情况、值班情况和设施运行、记录情况。

7）其他需要检查的内容。

（5）变电站运维单位可以委托具有相应资质的维保单位，根据变电站的实际情况，明确计划，实施防火巡查。

（6）220kV 及以上变电站每月开展一次防火巡查，每季度最后一月的防火巡查按照季度防火巡查要求实施，每年最后一次防火巡查按照年度防火巡查要求实施。110kV 及以下变电站每季度开展两次防火巡查，每季度第一次防火巡查按照月度防火巡查要求实施，第二次防火巡查按照季度防火巡查要求实施，每年最后一次防火巡查按照年度防火巡查要求实施。

（7）防火检查应当填写检查记录，检查人员在检查记录上签名，检查记录保存一年以上。

防火巡查应该按照有关规定填写《变电站消防巡查项目及内容》，巡查记录保存一年以上。

（8）属于消防安全重点单位的变电站每年度至少开展一次消防安全评估，评估可以委托具有相应资质的评估机构开展。评估机构应当在规定的资质许可范围内，按照法律法规和本规定要求，对变电站消防安全状况做出客观真实、科学公正的记录、评估，出具书面评估报告，并对评估工作承担责任。

（9）变电站消防安全评估报告应当及时报市级消防部门备案，可以作为增加或减少消防监督检查频次的依据。对委托评估机构实施评估结果为"好"的，市级消防部门可以降低相应的消防监督检查频次，评估结果可以作为当年度消防监督检查的依据；评估结果为"差"的，市级消防部门可以提高相应的消防监督检查频次，督促其整改。

（10）市级消防部门应当定期向社会公告变电站消防安全评估结果，每年 1 月 15 日前将列管变电站的消防安全评估结果报省消防总队。

二、消防隐患

（一）消防隐患的整改

消除隐患的整改是防火安全工作的一项基本任务，也是做好防火安全工作的一项重要措施。

1. 火灾隐患的概念及其特征

火灾隐患是指违反防火法律、法规，有可能追成火灾危害的隐藏的祸患。其含义包括以下三点。

（1）增加了发生火灾的危险性。如违反规定储存、使用、运输易燃易爆危险品；违反规定用火、用电、用气、明火作业等。

（2）一旦发生火灾，会增加对人身、财产的危害如建筑防火分隔、建筑结构防火、防烟排烟设施等随意改变，失去应有的作用：建筑物内部装修、装饰违反规定，使用易燃材料等；建筑物的安全出口、疏散通道堵塞，不能畅通无阻；防火设施、器材损坏无效。

（3）一旦导致火灾会影响灭火救援行动。如缺少防火水源，防火通道堵塞，消火栓、水泵结合器、防火电梯等不能使用或者不能正常运行等。

火灾隐患绝大多数是因为违反防火法规和防火技术标准造成的。所以，确定一个不安全因素是否是火灾隐患，不仅要在防火行政法律上有依据，而且还应根据防火技术标准和实际情况，全面细致地检查，实事求是地分析确定，并注意区分一般工作问题和消防隐患的界限。防火工作中存在的问题包括的范围很广，一般是指思想上、组织上、制度上、措施上和包括消防隐患在内的所有影响消防工作的问题，而消防隐患是直接造成火灾的那部分问题。正确区别消防隐患与一般工作问题是很有实际意义的。

2. 消防隐患的特征

根据消防隐患的含义和消防安全工作的实践，一般认为具有下列特征之一的问题，可以确认为消防隐患。

（1）防火安全布局、防火站、防火供水、防火通信、防火车通道、防火装备等防火规划未纳入城市总体规划的，或者虽然纳入城市总体规划但未组织有关主管部门实施的；公共防火设施、防火装备不足或者不适应实际需要的。

（2）易燃易爆危险物品的生产和使用的场所，储存和销售的库址，运输和装卸的车站、码头以及易燃易爆气体和液体的充装站、供应站、调压站的位置不符合防火安全要求，一旦发生火灾会影响并殃及近邻单位和附近居民安全的。

（3）易燃易爆危险物品未附有燃点、闪点、爆炸极限等数据说明书和防火防爆注意事项的；独立包装的易燃易爆危险物品未贴附危险品标签；易燃易爆危险物品的运输、储存不符合防火安全要求，性质抵触和灭火方法不同的危险物品混装、混储，以及销售和使用不符合防火要求的；销毁易燃易爆危险物品不符合防火安全要求的；非法携带易燃易爆危险物品进入公共场所或者乘坐公共交通工具的；携带火种进入易燃易爆危险物品的场所，或者易燃易爆危险物品的运输车辆停放位置不当的。

（4）生产工艺流程不合理，超温、超压以及配比浓度接近爆炸浓度极限，而无可靠的安全保护措施，随时有可能达到爆炸危险界限，易造成着火或爆炸的；设备有跑、冒、滴、漏现象，不能及时检修而带病作业；有造成火灾危险的；生产设备与生产工艺条件不相适应，安全装置或附件没有安装，或虽安装但失灵的；易燃易爆设备和容器检修前，未经严格的清洗和测试，检修的方法和工具选用不当等，不符合设备动火检修的有关程序和要求，易造成着火或爆炸的。

（5）火源管理不严，在具有火灾危险的场所使用明火作业的，或虽因特殊情况使用明火作业但未按规定办理动火审批手续而作业的或者虽经批准但作业人员未按防火安全规定操作，采取相应防火安全措施的；在应当"严禁烟火"的区域无"严禁烟火"的醒目标志，或虽有但执行不严格，仍有乱动火的迹象或抽烟现象的，或在用火作业场所有易燃物尚未清除，明火源或其他热源靠近可燃物质或其他可燃物等引起火灾危险的。

（6）电气设备的质量不符合国家或者行业标准的；电气设备的安装、使用和线路、管路的设计、敷设不符合有关防火安全技术规定的；电气设备、线路、开关严重超负荷、线路老化、保险装置失去保险作用的；场所、设备、装置应当安设避雷和防静电装置但未安设，或虽有但已失灵或失效的，或保护范围尚有死角的；爆炸危险场所的电气线路、开关和电器不防爆或达不到防爆等级要求的。

（7）建筑物的耐火等级、建筑结构与生产工艺或者物品的火灾危险性质不相适应，建筑物的防火间距、防火分区或安全疏散及通风采暖等不符合防火规范要求，在防火间距内堆放可燃物，搭建易燃建筑的；疏散通道、安全出口不能保证畅通，或未设置符合国家规定的防火安全疏散标志的；公共场所的室内装修、装饰采用易燃材料或未选用依照产品质量法的规定确定的检验机构检验合格的材料的；在设有车间或仓库的建筑物内设置员工集体宿舍的。

（8）未按照国家有关规定配置防火设施和器材、设置防火安全标志的，或者虽有配置但量不足或失去功能的；防火通道堵塞，防火栓或水泵接合器被重物覆盖或被埋压、圈占，会影响灭火行动的，或者未能定期组织检验、维修，不能确保防火设施、器材完好有效的。

（9）公众聚集场所未经防火安全检查或者经检查不合格，擅自使用或者开业的；举办具有火灾危险的大型集会、焰火晚会、灯会等群众性活动，主办单位未落实防火安全措施、制定灭火和应急疏散预案，且未经公安消防机构对活动现场进行防火安全检查合格便擅自举办的。

（10）防火安全重点单位未建立健全防火档案，未对防火安全重点部位实行严格管理，未实行防火巡查并对职工进行防火安全培训，未制定灭火和应急疏散预案和定期组织防火演练的。

以上这十项特征只是重点提示，不可能包罗所有方面，所以只供在防火安全检查或评审单位防火安全状况时参考。

（二）消防隐患的整改原则和要求

1. 整改消防隐患的原则

整改消防隐患是一项较为复杂的系统工程，既要考虑到安全，又要考虑到生产；既要考虑到可靠，又要考虑到经济；既要考虑到人的因素，又要考虑到物的因素，既要考虑到目前工作，又要考虑到长远规划；既要考虑到迅速彻底，又要考虑到企业的实力等。因此，正确的方案应该是安全与经济的统一、安全与生产的统一、时间与实力的统一、形式与效果的统一，并坚持"隐患查不清不放过、整改措施不落实不放过、不彻底整改不放过"的原则。

2. 整改消防隐患的要求

（1）抓整改消防隐患的主要矛盾，要针对影响消防隐患整改的各种因素和条件，制定出几种整改方案，经反复研究论证，选择最经济、最有效、最快捷的方案，避免顾此失彼而造成新的火灾隐患。

（2）树立价值观念。整改消防隐患应树立价值观念，分析隐患的危险性和危害程度。如果虽有危险性，但危害程度较小，就应提出简便易行的办法，从而得到投资少、防火安全价值大的整改方案。

（3）关键设备和要害部位要作为重点。对于关键性的设备和要害部位存在的火灾隐患，要研究制定整改措施，拟订可行方案，力求解决问题干净、彻底，不留后患，从根本上确保防火安全。

（4）遵守法定期限。当存在消防隐患单位接公安消防机构的《责令当场改正通知书》《责令限期整改通知书》《重大火灾隐患限期整改通知书》后，应当迅速研究整改方案，并在规定的时间内将整改方案或整改情况报当地公安消防机构。如果火灾隐患存在单位对整改措施有不同意见，可在接到通知书后 10 天内，提出变通防范措施或者要求延期整改的意见，由公安消防机构做出是否可行的决定。对接到通知书后置之不理或拖延不改的，由公安消防机构根据有关规定予以防火行政处罚。

（5）对于建筑布局、防火通道、水源等方面的火灾隐患，应从长计议，纳入企业改造和建设规划中加以解决。当本单位无力解决时，应取得当地公安消防机构和上级主管部门的支持，提请有关部门纳入城镇建设规划，逐步加以解决。对于一些久拖不决的重大火灾隐患，可报请当地政府协调、督促解决。在问题未解决之前，应采取有效的临时性防范措施。

（6）对一些危险性大、隐患严重、整改措施又难以到位、发生火灾后可能造成严重危害的，要坚决停产整顿。

三、消防安全问题整改

（1）变电站运维单位对所管理的变电站存在的消防安全问题应及时予以整改、消除。

（2）对防火检查、防火巡查发现的下列违反消防安全的行为，检查、巡查人员应当责令有关人员当场改正：

1）违章进入生产、储存易燃易爆危险物品场所的；

2）违章使用明火作业或者在具有火灾、爆炸危险的场所吸烟、使用明火等违反禁令的；

3）将安全出口上锁、遮挡，或者占用、堆放物品影响疏散通道畅通的；

4）消火栓、灭火器材被遮挡影响使用或者被挪作他用的；

5）常闭式防火门处于开启状态，防火卷帘下堆放物品影响使用的；

6）消防设施管理、值班人员和防火巡查人员脱岗的；

7）违章关闭消防设施、切断消防电源的；

8）私拉乱接电气线路，违章使用大功率电器影响用电安全的；

9）其他可以当场改正的行为。

（3）对防火检查、防火巡查发现的不能当场改正的消防安全问题，检查、巡查人员应当报告运维检修部门，由运维检修部门根据公司有关规定向消防安全管理人或消防安全责任人报告，提出整改方案。由消防安全管理人或消防安全责任人确定整改措施、期限以及负责整改的部门、人员，并落实整改资金。变电站消防安全问题及其整改情况应当有记录并存档备查。不能当场整改的消防安全问题涉及消防设施、器材、标志的，按照公司变电站消防设备运维检修管理规定中消防设备缺陷管理的要求执行。由公司相关人员按照规定落实发现、辨识、建档、上报、处理、验收等全过程的闭环管理。

（4）在消防安全问题未整改、消除之前，运维检修部门应当落实防范措施，保障消防安全。不能确保消防安全，随时可能引起火灾或者一旦发生火灾将严重危及用电安全、人身安全、公共安全的，应当按照有关规定立即上报。

（5）对严重影响消防安全而运维检修部门自身不能解决的重大消防安全问题，运维检修部门应当及时提出建议方案，向公司报告。

（6）各级消防部门应当依法加强对变电站消防安全问题整改的指导，为国家电网公司及其分公司、子公司整改、消除变电站消防安全问题提供专业建议。

第五节　微型消防站的建设

为积极引导和规范消防安全重点单位（简称重点单位）志愿消防队伍建设，推动落实单位主体责任，着力提高重点单位自查自纠、自防自救的能力，建设"有人员、有器材、有战斗力"的重点单位微型消防站，实现有效处置初起火灾的目标，特制定本标准。

一、建设原则

微型消防站以"救早、灭小"为目标，按照"有人员、有器材、有战斗力"标准建设，达到"1分钟响应启动、3分钟到场扑救、5分钟协同作战"的要求，依托单位志愿消防队伍，配备必要的消防器材，建立重点单位微型消防站，积极开展防火巡查和初起火灾扑救等火灾防控工作。

二、建设范围

公司系统各级单位（含集体企业）的以下场所应建立微型消防站：

（1）县级以上供电公司生产调度大楼。

（2）高层办公楼（写字楼）。

（3）培训中心及其各校区。

（4）宾馆（饭店）等公众聚集场所。

（5）±800kV 及以上换流站（变电站），220kV 及以上变电运维站。

（6）生产、科研基地（厂区、园区、工区、中心）。

（7）其他发生火灾可能性较大以及一旦发生火灾可能造成人身伤亡或者财产损失的场所。

三、分级标准

微型消防站分为三级：

（1）设有消控室的重点场所，应建立一级微型消防站。

（2）无消控室、员工总人数在 50 人（含）以上的重点单位（场所），应建立二级微型消防站。

（3）无消控室、员工总人数在 50 人以下的重点单位（场所），应建立三级微型消防站。

同一重点单位有多处消防重点场所的，应按照上述分级标准的要求分别独立建站。同一重点区域内有多个应建微型消防站的场所的，可以按照上述分级标准的要求合并建一个站。

（4）非重点场所可参照此分级标准建立微型消防站。

四、建设要求

1. 人员配备

（1）基本要求。各微型消防站人员配备应满足本单位（场所）灭火应急处置"1 分钟响应启动、3 分钟到场扑救、5 分钟协同作战"的要求，原则上一级站应不少于 10 人，二级站不少于 8 人，三级站不少于 6 人。

（2）人员组成。微型消防站人员可由接受过基本消防技能培训的保安员、消控室操作员、后勤（物业）管理人员、单位消防志愿者等兼任。

（3）岗位设置。各微型消防站应设站长、值班员、消防员等岗位，设有消控室的场所应设消控室操作员，可根据微型消防站的规模设置班（组）长等岗位。站长一般由本单位（场所）消防安全管理人员兼任。消防员负责防火巡查和初起火灾扑救工作。

（4）分组编排。一级微型消防站每班次在岗人员不应少于 4 人。其中，能到场参与火灾扑救的在岗人员不应少于 3 人；二级微型消防站同时在岗人员不应少于 2 人；三级微型消防站同时在岗人员不应少于 1 人。

（5）人员素质。微型消防站人员应当接受岗前培训；培训内容包括扑救初起火灾业务技能、防火巡查基本知识等。

（6）站长负责微型消防站日常管理，组织制定各项管理制度和灭火应急预案，开展防火巡查、消防宣传教育和灭火训练；指挥初起火灾扑救和人员疏散。

（7）消防员负责扑救初起火灾；熟悉建筑消防设施情况和灭火应急预案，熟练掌握器材性能和操作使用方法，并落实器材维护保养；参加日常防火巡查和消防宣传教育。

（8）控制室值班员应熟悉灭火应急处置程序，熟练掌握自动消防设施操作方法，接到火情信息后启动预案。

微型消防站各岗位值班要求详见表 2-1。

表 2-1　　　　　　　　　　　　微型消防站各岗位值班要求

岗位	一级站		二级站		三级站	
	设置	人数	设置	人数	设置	人数
消防员	是	≥2	是	≥2	是	≥1
消控室值班（操作）员	是	≥2	否	—	否	—
班（组）长	视情况决定					

2. 装备配备

各微型消防站应根据扑救初起火灾需要，配备一定数量的灭火、通信、防护等器材装备，并根据灭火救援需要在建筑物内部和避难层，以及在建筑之间分区域合理设置消防器材装备存放点。装备配备参考标准详见表 2-2。

表 2-2　　　　　　　　　　　　微型消防站装备配备参考标准

序号	类别	器材名称	单位	一级		二级		三级	
				数量	标准	数量	标准	数量	标准
1	灭火器材	水枪	把	2	必配	2	必配	1	必配
2		水带（型号根据实际配备）	盘	5	必配	4	必配	3	必配
3		消火栓扳手	把	2	必配	1	必配	1	必配
4		ABC 型干粉灭火器（4 公斤装）	具	10	必配	5	必配	2	必配
5		灭火毯	条	2	必配	2	必配	1	必配
6		强光照明灯	个	3	必配	2	必配	1	必配

续表

序号	类别	器材名称	单位	一级		二级		三级	
				数量	标准	数量	标准	数量	标准
7	破拆器材	消防斧	把	1	必配	1	必配	1	选配
8		绝缘剪断钳	把	—	选配	—	选配	—	选配
9		铁铤	把	—	选配	—	选配	—	选配
10	个人防护装备	消防头盔	顶	4	必配	3	必配	2	必配
11		消防员灭火防护服	套	4	必配	3	必配	2	必配
12		消防员灭火防护靴	双	4	必配	3	必配	2	必配
13		消防安全腰带	条	4	必配	3	必配	2	必配
14		消防手套	双	4	必配	3	必配	2	必配
15		消防安全绳	根	4	必配	3	必配	2	必配
16		正压式空气呼吸器	套	4	必配	3	必配	—	必配
17		消防过滤式综合防毒面具	个	4	必配	3	必配	2	必配
18	通信器材	固定电话（值班室寝室同号分机）	台	1	必配	1	必配	1	必配
19		对讲机	台	4	必配	—	选配	—	选配

3. 站点设置

（1）微型消防站选址应遵循"便于出动、全面覆盖"的原则，选择便于人员车辆出动，3min 可到达场所任意场地，可与消防控制室合用；有条件的，可单独设置。

（2）微型消防站应设置明显标志，张贴（悬挂）"××（单位场所名称）微型消防站"标牌。

（3）微型消防站应设置必要的值勤设施，满足值班需求。并将组织架构、在岗人员、应急处置程序等张贴上墙。

五、主要职责

各微型消防站应积极开展日常消防安全检查巡查、灭火应急演练、消防知识宣传，达到消防安全巡查队、灭火救援先遣队、消防知识宣传队"三队合一"的要求。

1. 常态防火检查

（1）各单位微型消防站应制定完善日常防火检查巡查、火灾隐患整改制度，明确日常排查、火灾隐患登记、报告、督办、整改、复查等程序。

（2）微型消防站应当安排人员开展日常防火检查巡查，根据有关规定和单位实际，确定检查巡查人员、内容、部位和频次。

（3）日常防火检查巡查的主要内容包括：油、水、电、气的管理情况，安全出口、疏散通道是否畅通，消防设施器材、消防安全标志是否完好有效，重点部位值班值守情况等。

（4）对防火检查巡查发现的火灾隐患，应立即整改消除，无法当场整改的，要及时报告单位消防安全管理人员，制定整改计划，明确整改措施、整改时限，限期消除。同时，采取管控措施，确保整改期间的消防安全。

（5）各微型消防站要在当地公安消防部门的指导下，结合本单位实际，制作微型消防站活动记录本，检查巡查情况应在记录本上记录。

2．快速灭火救援

（1）微型消防站应制定完善灭火应急救援行动规程和定期演练制度。

（2）微型消防站应定期开展灭火救援器材装备和疏散逃生路线熟悉，确保器材装备完好有效、疏散逃生路线畅通。

（3）微型消防站应按照"1分钟邻近员工先期处置、3分钟灭火战斗小组到场扑救、5分钟增援力量协同作战"的要求，制定完善灭火应急救援和疏散预案，定期开展培训授课、训练演练，提高快速反应能力。

（4）"1分钟响应"程序要求：微型消防站值班员（消控室值班员）接到火灾报警后，应立即发出火警指令，启动应急响应程序。就近调派火灾发生地点周边员工携带简易灭火装备1分钟内到场处置，通知微型消防站在岗人员立即出动。同时，应向当地119消防指挥中心报警。

（5）"3分钟处置"程序要求：微型消防站力量配置在达到最低配备标准的基础上，还应满足3分钟到场灭火处置的要求，确有困难的，可将保安员、巡逻员、楼层管理员等纳入微型消防站队员。在接到火警报告或调派指令后，微型消防站队员应立即就近取用灭火救援和防护装备赶赴起火地点，按应急处置程序，开展人员疏散、火灾扑救等工作。

（6）"5分钟联动"程序要求：加入消防区域联防协作组织的单位微型消防站，在其他单位发生火灾后，应按照"一处着火，多点出动"的要求，根据火警信息或调派指令，携带灭火救援和防护装备赶赴起火地点协同作战。公安消防救援人员到场后，微型消防站人员应服从公安消防部队的统一指挥，协助开展处置。

（7）灭火应急救援演练、处置情况应在单位微型消防站活动记录本上记录。

3．有效消防宣传

（1）各单位应制定完善消防宣传和教育培训制度，将微型消防站作为消防宣传主要力量。

（2）各单位应定期向单位员工宣传消防知识，开展防火提醒提示。建立单位消防微信群，定期发送消防安全内容，发生火灾时，辅助提醒疏散。

（3）各单位应定期组织员工进行消防安全教育培训，对新上岗和进入新岗位的员工，要开展岗前消防培训。

（4）消防宣传和教育培训情况应在单位微型消防站活动记录本上记录。

六、运行机制

1. 日常管理

（1）各单位应按照"谁使用，谁管理"的原则加强微型消防站日常管理，制定完善微型消防站日常管理、训练、保障制度。

（2）各单位微型消防站应根据有关制度，加强日常管理，定期开展体技能和技术训练。

（3）微型消防站的运行经费由微型消防站建设管理单位负责。多个单位共用消控室或合建微型消防站，要互相签订协议，明确权利义务。

（4）微型消防站实行建设登记备案制度。有公安消防部门建站要求的微型消防站建成后，应及时报主管公安消防部门验收、备案，由主管公安消防部门统一编号，登记相关信息。单位微型消防站人员、装备有调整的，应及时报主管公安消防部门备案。

（5）各单位微型消防站应加强档案资料管理，有关建设情况、活动记录应及时存档。

2. 值班备勤

（1）各单位应制定完善微型消防站值班备勤制度。

（2）各微型消防站应科学分班编组，合理安排执勤力量，实行24h值班（备勤），确保战斗力。

（3）各微型消防站应根据实际和公安消防部门要求，可加入消防区域联防协作组织，配合做好有关活动，定期开展联勤联训。

3. 指挥调度

（1）各单位应制定完善微型消防站灭火救援调度指挥和通信联络程序。

（2）各微型消防站应落实专人值班，确保值班电话24h畅通。

（3）加入消防区域联防协作组织的微型消防站应接受消防区域联防协作组织的调派，协助参与消防区域联防协作组织内其他单位的灭火应急处置。

七、微型消防站主要岗位工作职责

1. 站长主要职责

（1）组织制定执勤、管理制度，掌握人员和装备情况，组织开展灭火救援业务训练、落实安全措施。

（2）组织开展防火巡查、消防宣传教育。

（3）组织熟悉所在单位（场所）的道路、水源和单位（场所）和建筑物构造基本情况以及灭火救援预案，掌握常见火灾及其他灾害事故的种类、特点及处置对策，组织建立业务资料档案。

（4）督促微型消防站队员落实值班备勤制度。

（5）组织指挥初起火灾扑救和应急救援。

2. 消控室值班（操作）员主要职责

（1）按照火灾报告、救援求助或地方政府、公安机关及其消防机构的指令，及时发出出动信号，并做好记录。

（2）熟悉灭火应急处置程序，接到火情信息后启动预案。

（3）熟练掌握自动消防设施操作方法。

（4）负责对消防设施的每日检查，及时发现故障并报修。

（5）熟练使用和维护通信装备，及时发现故障并报修。

（6）掌握所在单位（场所）的道路、水源、单位（场所）和建筑物构造基本情况，熟记通信用语和有关单位、部门的联系方法。

（7）及时整理灭火与应急救援工作档案。

（8）及时向值班站长报告工作中的重要情况。

3. 消防员主要职责

（1）根据职责分工，完成初起火灾扑救和应急救援任务。

（2）熟悉所在单位（场所）的道路、水源和建筑物构造基本情况。

（3）保持个人防护装备和负责保养装备完整好用，掌握装备性能和操作使用方法。

（4）负责防火巡查和消防宣传教育。

八、微型消防站管理制度

（1）设置专（兼）用房，配备一定数量的灭火器、水枪、水带等消防器材，做好消防器材维护保养。

（2）站长负责日常管理，组织开展防火巡查、消防宣传灭火救援演练。

（3）组织开展日常业务训练，内容包括体能训练、灭火器材和个人防护器材使用和防火巡查基本知识等。

（4）开展日常防火巡查，及时发现和督改火灾隐患。

（5）开展消防安全教育培训，每年对员工开展宣传教育不得少于2次，重要岗位、重点人员和新上岗员工需专门培训（多种形式开展消防安全教育培训，每月开展不少于一次灭火逃生演练和消防宣传教育培训）。

（6）建立24h值守制度，按照"3分钟到场"要求赶赴现场处置（建立24h值守制度，确保人员在岗在位）。响应消防指挥调度，积极参与周边区域灭火处置工作。

（7）微型消防站人员履职情况纳入本单位考核评价。

九、微型消防站灭火救援应急处置制度

（1）微型消防站应制定灭火应急预案，组织队员熟悉建筑消防设施，熟练掌握器材性能和操作使用方法，做好器材维护保养。

（2）建立值班值守制度，确保值班员24h在岗在位，做好应急准备。

（3）消控室值班员应熟悉灭火应急处置程序，熟练掌握自动消防设施操作方法，接到火警信息后启动应急响应预案（接到火警信息后，值班员应按照预案立即启动应急响应程序，队员要在1分钟内出动，3分钟内到场处置，作为增援时5分钟内到场）。

（4）服从公安消防部门指挥调度，积极参与周边区域灭火处置工作。

第六节　变电站电气设备一般消防要求

一、一般规定

（1）按照国家工程建设消防标准需要进行消防设计的新建、扩建、改建（含

室内外装修、建筑保温、用途变更）工程，建设单位应当依法申请建设工程消防设计审核、消防验收，依法办理消防设计和竣工验收消防备案手续并接受抽查。

（2）建设工程或项目的建设、设计、施工、工程监理等单位应当遵守消防法规、建设工程质量管理法规和国家消防技术标准，应对建设工程消防设计、施工质量和安全负责。

（3）建（构）筑物火灾危险性分类、耐火等级、安全出口、防火分区和建（构）筑物之间的防火间距，应符合现行国家标准的有关规定。

（4）有爆炸和火灾危险场所的电力设计，应符合现行国家标准《爆炸和火灾危险环境电力装置设计规范》（GB 50058—2014）的有关规定。

（5）电力设备，包括电缆的设计、选型必须符合有关设计标准要求。建设、设计、施工、工程监理等单位对电力设备的设计、选型及施工质量的有关部分负责。

（6）疏散通道、安全出口应保持畅通，并设置符合规定的消防安全疏散指示标志和应急照明设施。保持防火门、防火卷帘、消防安全疏散指示标志、应急照明、机械排烟送风、火灾事故广播等设施处于正常状态。

（7）消防设施周围不得堆放其他物件。消防用砂应保持足量和干燥。灭火器箱、消防砂箱、消防桶和消防铲、斧把上应涂红色。

（8）建筑构件、材料和室内装修、装饰材料的防火性能必须符合有关标准的要求。

（9）寒冷地区容易冻结和可能出沉降地区的消防水系统等设施应有防冻和防沉降措施。

（10）防火重点部位禁止吸烟，并应有明显标志。

（11）检修等工作间断或结束时应检查和清理现场，消除火灾隐患。

（12）生产现场需使用电炉必须经消防管理部门批准，且只能使用封闭式电炉，并加强管理。

（13）充油、储油设备必须杜绝渗、漏油。油管道连接应牢固严密，禁止使用塑料垫、橡皮垫（包括耐油橡皮垫）和石棉纸垫。油管道的阀门、法兰及其他可能漏油处的热管道外面应包敷严密的保温层，保温层表面应装设金属保护层。当油渗入保温层时应及时更换。油管道应布置在高温蒸汽管道的下方。

（14）排水沟、电缆沟、管沟等沟坑内不应有积油。

（15）生产现场禁止存放易燃易爆物品。生产现场禁止存放超过规定数量的油类。运行中所需的小量润滑油和日常使用的油壶、油枪等,必须存放在指定地点的储藏室内。

(16) 不宜用汽油洗刷机件和设备。不宜用汽油、煤油洗手。

(17) 各类废油应倒入指定的容器内,并定期回收处理,严禁随意倾倒。

(18) 生产现场应备有带盖的铁箱,以便放置擦拭材料,并定期清除。严禁乱扔擦拭材料。

(19) 临时建筑应符合国家有关法规。临时建筑不得占用防火间距。

(20) 在高温设备及管道附近宜搭建金属脚手架。

(21) 生产场所的电话机近旁和灭火器箱、消防栓箱应印有火警电话号码。

(22) 电缆隧道内应设置指向最近安全出口处的导向箭头,主隧道、各分支拐弯处醒目位置装设整个电缆隧道平面示意图,并在示意图上标注所处位置及各出入口位置。

(23) 变电站还应符合下列要求:

1) 火灾自动报警系统应接入本单位或上级 24h 有人值守的消防监控场所,并有声光警示功能。

2) 无人值班变电站宜设置视频监控系统,火灾自动报警系统宜和视频监控系统联动,上述信号也应接入本单位或上级 24h 有人值守的消防监控场所,并有声光警示功能。

3) 无人值班变电站应在入口处和主要通道处设置移动式灭火器。

4) 地下变电站内采暖区域严禁采用明火取暖。

5) 电气设备间设置的排烟设施,应符合国家标准的规定。

6) 火灾发生时,送排风系统、空调系统应能自动停止运行。当采用气体灭火系统时,穿过防护区的通风或空调风道上的防火阀应能自动关闭。

7) 室内消火栓应采用单栓消火栓。确有困难时可采用双栓消火栓,但必须为双阀双出口型。

二、灭火规则

(1) 发生火灾,必须立即扑救并报警,同时快速报告单位有关领导。单位应立即实施灭火和应急疏散预案,及时疏散人员,迅速扑救火灾。设有火灾自动报警、固定灭火系统时,应立即启动报警和灭火。

（2）火灾报警应报告下列内容：

1）火灾地点。

2）火势情况。

3）燃烧物和大约数量、范围。

4）报警人姓名及电话号码。

5）公安消防部门需要了解的其他情况。

（3）消防队未到达火灾现场前，临时灭火指挥人可由下列人员担任：

1）运行设备火灾时由当值值（班）长或调度担任。

2）其他设备火灾时由现场负责人担任。

（4）消防队到达火场时，临时灭火指挥人应立即与消防队负责人取得联系并交待失火设备现状和运行设备状况，然后协助消防队灭火。

（5）电气设备发生火灾，应立即切断有关设备电源，然后进行灭火。对可能带电的电气设备以及发电机、电动机等，应使用干粉、二氧化碳、六氟丙烷等灭火器灭火；对油断路器、变压器在切断电源后可使用干粉、六氟丙烷等灭火器灭火，不能扑灭时再用泡沫灭火器灭火，不得已时可用干砂灭火；地面上的绝缘油着火，应用干砂灭火。

（6）参加灭火人员在灭火的过程中应避免发生次生灾害。灭火人员在空气流通不畅或可能产生有毒气体的场所灭火时，应使用正压式消防空气呼吸器。

三、灭火设施

（1）建（构）筑物、电力设备或场所应按照国家、行业有关规定、标准，及根据实际需要配置必要的、符合要求的消防设施、消防器材及正压式消防空气呼吸器，并做好日常管理，确保完好有效。

（2）消防设施应处于正常工作状态。不得损坏、挪用或者擅自拆除、停用消防设施、器材。消防设施出现故障时，应及时通知单位有关部门，尽快组织修复。因工作需要临时停用消防设施或移动消防器材的，应采取临时措施和事先报告单位消防管理部门，并得到本单位消防安全责任人的批准，工作完毕后应及时恢复。

（3）消防设施在管理上应等同于主设备，包括维护、保养、检修、更新，落实相关所需资金等。

（4）新建、扩建和改建工程或项目，需要设置消防设施的，消防设施与主体设备或项目应同时设计、同时施工、同时投入生产或使用，并通过消防验收。

（5）消防设施、器材应选用符合国家标准或行业标准并经强制性产品认证合格的产品。使用尚未制定国家标准、行业标准的消防产品，应当选用经技术鉴定合格的消防产品。

（6）建筑消防设施的值班、巡查、检测、维修、保养、建档等工作，应符合现行标准《建筑消防设施的维护管理》（GB 25201—2010）的有关规定。定期检测、保养和维修，应委托有消防设备专业检测及维护资质的单位进行，其应出具有关记录和报告。

（7）灭火器设置应符合现行国家标准《建筑灭火器配置设计规范》（GB 50140—2005）及灭火器制造厂的规定和要求。环境条件不能满足时，应采取相应的防冻、防潮、防腐蚀、防高温等保护措施。

（8）火灾自动报警系统应接入本单位或上级 24h 有人值守的消防监控场所，并有声光警示功能。

（9）火灾自动报警系统还应符合下列要求：

1）应具备防强磁场干扰措施，在户外安装的设备应有防雷、防水、防腐蚀措施。

2）火灾自动报警系统的专用导线或电缆应采用阻燃型屏蔽电缆。

3）火灾自动报警系统的传输线路应采用穿金属管、经阻燃处理的硬质塑料管或封闭式线槽保护方式布线。

4）消防联动控制、通信和报警线路采用暗敷设时宜采用金属管或经阻燃处理的硬质塑料管保护，并应敷设在不燃烧体的结构层内，且保护层厚度不宜小于 30mm；当采用明敷设时，应采用金属管或金属线槽保护，并应在金属管或金属线槽上采取防火保护措施。采用经阻燃处理的电缆可不穿金属管保护，但应敷设在有防火保护措施的封闭线槽内。

（10）配电装置室内探测器类型的选择、布置及敷设应符合国家有关标准的要求，探测器的安装部位应便于运行维护。

（11）配电装置室内装有自动灭火系统时，配电装置室应装设 2 个以上独立的探测器。火灾报警探测器宜多类型组合使用。同一配电装置室内 2 个以上探测器同时报警时，可以联动该配电装置室内自动灭火设备。

（12）灭火剂的选用应根据灭火的有效性、对设备、人身和环境的影响等因素确定。

第三章 变电站消防器材、设施的
日常使用、维护与管理

第一节 概 述

建（构）筑物、电力设备或场所应按照国家、行业有关规定、标准，及根据实际需要配置必要的、符合要求的消防设施、消防器材及正压式消防空气呼吸器，并做好日常管理，确保完好有效。消防设施应处于正常工作状态。不得损坏、挪用或者擅自拆除、停用消防设施、器材。消防设施出现故障时，应及时通知单位有关部门，尽快组织修复。因工作需要临时停用消防设施或移动消防器材的，应采取临时措施和事先报告单位消防管理部门，并得到本单位消防安全责任人的批准，工作完毕后应及时恢复。消防设施在管理上应等同于主设备，包括维护、保养、检修、更新，落实相关所需资金等。

变电站运维人员应熟练掌握各类消防设施、消防器材和正压式消防空气呼吸器等的适用范围和使用方法，定期参加消防活动并进行灭火训练，发生火灾时能熟练扑救火灾。同时，还应做好消防器材、消防设施的检查、保养和管理，保证其完好有效。

本章主要介绍了变电站消防标志、变电站消防器材和变电站消防设施。

第二节 变电站消防标志

消防标志是用于表明消防设施特征的符号，它是用于说明建筑配备各种消防设备、设施安装的位置，并引导人们在火灾时采取合理正确的行动。对安全疏散起到很好的作用，可以更有效的帮助人们在浓烟弥漫的情况下，及时识别疏散位置和方向，迅速按照发光疏散指示标志顺利疏散。

一、消防安全标志及设置规范

应在变电站的主控制室、继电器室、通信室、自动装置室、变压器室、配电装置室、电缆隧道等重点防火部位入口处以及储存易燃易爆物品仓库门口处合理配置灭火器等消防器材，在火灾易发生部位设置火灾探测和自动报警装置。

各生产场所应有逃生路线的标示，楼梯主要通道门上方或左（右）侧装设紧急撤离提示标志。

消防安全标志表明下列内容的位置和性质：

（1）火灾报警和手动控制装置；

（2）火灾时疏散途径；

（3）灭火设备；

（4）具有火灾、爆炸危险的地方或物质。

消防安全标志按照主题内容与适用范围，分为火灾报警及灭火设备标志、火灾疏散途径标志和方向辅助标志，其设置场所、原则、要求和方法等应符合 GB 13495—1992《消防安全标志》、GB 15630—1995《消防安全标志设置要求》的规定。

二、变电站内的消防安全标志

（1）火灾报警装置标志；

（2）紧急疏散逃生标志；

（3）灭火设备标志；

（4）禁止和警告标志；

（5）方向辅助标志；

（6）文字辅助标志。

各类标志应符合国家标准《消防安全标志　第1部分：标志》（GB 13495.1—2015），如不满足要求，应进行完善化改造。

三、设置原则及要求

（1）紧急出口或疏散通道中的单向门必须在门上设置"推开"标志，在其反面应设置"拉开"标志。

（2）紧急出口或疏散通道中的门上应设置"禁止锁闭"标志。

（3）疏散通道或消防车道的醒目处应设置"禁止阻塞"标志。

（4）滑动门上应设置"滑动开门"标志，标志中的箭头方向必须与门的开启方向一致。

（5）需要击碎玻璃板才能拿到钥匙或开门工具的地方或疏散中需要打开板面才能制造一个出口的地方必须设置"击碎板面"标志。

（6）各类建筑中的隐蔽式消防设备存放点应相应设置"灭火设备""灭火器""消防水带"等标志。

（7）手动火灾报警按钮和固定灭火系统的手动启动器等装置附近必须设置"消防手动启动器"标志。

（8）设有地下消火栓、消防水泵接合器和不易被看到的地上消火栓等消防器具的地方，应设置"地下消火栓""地上消火栓""消防水泵接合器"等标志。

（9）消防安全标志应设在与消防安全有关的醒目的位置。标志的正面或其邻近不得有妨碍公共视线的障碍物。

（10）除必须外，标志一般不应设置在门、窗、架等可移动的物体上，也不应设置在经常被其他物体遮挡的地方。

（11）设置消防安全标志时，应避免出现标志内容相互矛盾、重复的现象。尽量用最少的标志把必需的信息表达清楚。

（12）在所有有关照明下，标志的颜色应保持不变。

四、常用消防安全标志及设置规范

变电站内生产活动所涉及的场所、设备（设施）、检修施工等特定区域以及其他有必要提醒人们注意危险有害因素的地点，应配置标准化的标识标牌。相关标识标牌的要求如下：

（1）标识标牌应清晰醒目、规范统一、安装可靠、便于维护，适应使用环境要求。

（2）标识标牌所用的颜色应符合 GB 2893—2008《安全色》的规定：消防安全标识标牌都应自带衬底色。用其边框颜色的对比色将边框周围勾一窄边即为标志的衬底色。没有边框的标志，则用外缘颜色的对比色。除警告标志用黄色勾边外，其他标志用白色。衬底色最少宽 2mm，最多宽 10mm。

（3）变电设备（设施）本体或附近醒目位置应装设设备标志牌，涂刷相色标志或装设相位标志牌。

（4）标志牌标高可视现场情况自行确定，但对于同一变电站、同类设备（设施）的标志牌标高应统一。

（5）标志牌规格、尺寸、安装位置可视现场情况进行调整，但对于同一变电站、同类设备（设施）的标志牌规格、尺寸、安装位置应统一。

（6）消防安全标识标牌应用坚固耐用的材料制作，如金属板、塑料板、木板等。用于室内的消防安全标识标牌可以用粘贴力强的不干胶材料制作。对于照明条件差的场合，标识标牌可以用荧光材料制作，还可以加上适当照明。

（7）标识标牌应定期检查，如发现破损、变形、褪色等不符合要求时，应及时修整或更换。修整或更换时，应有临时的标志替换，以避免发生意外伤害。

（8）消防安全标识标牌应无毛刺和孔洞，有触电危险场所的标识标牌应使用绝缘材料制作。

变电站内常见的消防标志见表 3-1。

表 3-1　　　　　　　　　　　　变电站常用消防标志

序号	图形标志示例	名称	设置范围和地点	备注
1	 禁止烟火 NO BURNING	禁止烟火	主控制室、继电器室、蓄电池室、通信室、自动装置室、变压器室、配电装置室、检修、试验工作场所、电缆夹层、隧道入口、危险品存放点等处	
2	 禁止吸烟	禁止吸烟	主控制室、配电装置室、继电器室、蓄电池室、通信室、自动装置室等处	

续表

序号	图形标志示例	名称	设置范围和地点	备注
3	地上消火栓 POST FIRE HYDRANT	地上消火栓	固定在距离消火栓 1m 的范围内，不得影响消火栓的使用	组合标志
4	发声警报器	发生报警器	贴于报警器正上方	组合标志
5	消防水箱 1.水位及消防用水不被使用的设施应正常 2.消防出水管上的止回阀关闭时应严密 3.防冻措施应完好	消防水箱	贴于消防水箱附近	
6	消防控制柜 1.仪表、指示灯显示应正常，开关及控制按钮应灵活可靠 2.应有手动、自动切换装置	消防控制柜	贴于消防控制柜附近	
7	消防水带 FIREHOSE	消防水带	指示消防水带、软管卷盘或消防栓箱的位置	组合标志
8	灭火器 编号:003	灭火器	悬挂在灭火器、灭火器箱的上方或存放灭火器、灭火器箱的通道上。泡沫灭火器器身上应标注"不适用于电火"字样	组合标志

序号	图形标志示例	名称	设置范围和地点	备注
9	火灾危险，严禁火种入内 ☏119 火警电话	火灾危险，严禁火种入内	蓄电池室门外侧	
10	动火区域 防火责任人 防火重点部位	防火重点部位	主控制室、继电器室、蓄电池室、通信室、自动装置室、变压器室、配电装置室、危险品存放点等处室门外侧	
11	消防重地，☏119 火警电话 未经许可不得入内	消防重地，未经许可不得入内	场地消防室、消控主机室、主变压器SP泡沫室门外侧	
12	场地消防室	场地消防室	场地消防室门外侧	
13	消防砂箱	消防砂箱	场地消防室门外侧	
14	← ↙	灭火设备或报警装置的方向	指示灭火设备或报警装置的方向	方向辅助标志
15	← ↙	疏散通道方向	指示到紧急出口的方向。用于电缆隧道指向最近出口处	方向辅助标志

续表

序号	图形标志示例	名称	设置范围和地点	备注
16		紧急出口	便于安全疏散的紧急出口处，与方向箭头结合设在通向紧急出口的通道、楼梯口等处	组合标志
17		从此跨越	悬挂在横跨桥栏杆上，面向人行横道	组合标志
18	1号消防水池	消防水池	装设在消防水池附近醒目位置，并应编号	
19	1号消防沙池	消防沙池（箱）	装设在消防沙池（箱）附近醒目位置，并应编号	
20	1号防火墙	防火墙	在变电站的电缆沟（槽）进入主控制室、继电器室处和分接处、电缆沟每间隔约60m处应设防火墙，将盖板涂成红色，标明"防火墙"字样，并应编号	

第三节　变电站消防器材

一、火灾类别及危险等级

（1）灭火器配置场所的火灾种类应根据该场所内的物质及其燃烧特性进行分类，划分为以下类型。

A类火灾：固体物质火灾。

B类火灾：液体火灾或可熔化固体物质火灾。

C类火灾：气体火灾。

D类火灾：金属火灾。

E类火灾：物体带电燃烧的火灾。

（2）工业场所的灭火器配置危险等级，应根据其生产、使用、储存物品的火灾危险性，可燃物数量，火灾蔓延速度，扑救难易程度等因素，划分为三级严重危险级、中危险级和轻危险级。

二、消防器材配置

（1）变电站的建（构）筑物、设备应按照其火灾类别及危险等级配置移动式灭火器。

（2）各类发电厂和变电站的灭火器配置规格和数量应按《建筑灭火器配置设计规范》（GB 50140—2005）计算确定，实配灭火器的规格和数量不得小于计算值。

（3）一个计算单元内配置的灭火器数量不得少于2具，每个设置点的灭火器数量不宜多于5具。

（4）手提式灭火器充装量大于3.0kg时应配有喷射软管，其长度不小于0.4m，推车式灭火器应配有喷射软管，其长度不小于4.0m。除二氧化碳灭火器外，贮压式灭火器应设有能指示其内部压力的指示器。

（5）油浸式变压器、油浸式电抗器、油罐区、油泵房、油处理室、特种材料库、柴油发电机、磨煤机、给煤机、送风机、引风机和电除尘等处应设置消防砂箱或砂桶，内装干燥细黄沙。消防砂箱容积为1.0m³，并配置消防铲，每处3～5把，消防砂桶应装满干燥黄砂。消防砂箱、砂桶和消防铲均应为大红色，砂箱的上部应有白色的"消防砂箱"字样，箱门正中应有白色的"火警119"字样，箱体侧面应标注使用说明。消防砂箱的放置位置应与带电设备保持足够的安全距离。

(6) 设置室外消火栓的发电厂和变电站应集中配置足够数量的消防水带、水枪和消火栓扳手，宜放置在厂内消防车库内。当厂内不设消防车库时，也可放置在重点防火区域周围的露天专用消防箱或消防小室内。根据被保护设备的性质合理配置 19mm 直流或喷雾或多功能水枪，水带宜配置有衬里消防水带。

(7) 每只室内消火栓箱内应配置 65mm 消火栓及隔离阀各 1 只、25m 长 DN65 有衬里水龙带 1 根带快装接头、19mm 直流或喷雾或多功能水枪 1 只、自救式消防水喉 1 套、消防按钮 1 只。当室内消火栓栓口处的出水压力超过 0.5MPa 时，应加设减压孔板或采用减压稳压型消火栓。

三、灭火器

1. 灭火器基本知识

(1) 灭火器的选择应考虑配置场所的火灾种类和危险等级、灭火器的灭火效能和通用性、灭火剂对保护物品的污损程度、设置点的环境条件等因素。有场地条件的严重危险级场所，需设推车式灭火器。

(2) 手提式和推车式灭火器的定义、分类、技术要求、性能要求、试验方法、检验规则及标志等要求应符合现行国家标准《手提式灭火器》（GB 4351）和《推车式灭火器》（GB 8109）的有关规定。

(3) 在同一灭火器配置场所，宜选用相同类型和操作方法的灭火器，当选用两种或两种以上类型灭火器时，应采用灭火剂相容的灭火器。当同一场所存在不同种类火灾时，应选用通用型灭火器。不同类型的干粉灭火器如图 3-1 所示。

图 3-1 不同类型的干粉灭火器

（4）灭火器需定位，设置点的位置应根据灭火器的最大保护距离确定，并应保证最不利点至少在具灭火器的保护范围内。灭火器的最大保护距离应符合现行国家标准《建筑灭火器配置设计规范》（GB 50140—2005）的规定。

（5）实配灭火器的灭火级别不得小于最低配置基准，灭火器的最低配置基准按火灾危险等级确定，应符合现行国家标准《建筑灭火器配置设计规范》（GB 50140—2005）的规定。当同一场所存在不同火灾危险等级时，应按较危险等级确定灭火器的最低配置基准。

（6）灭火器的设置应符合下列要求：

1）灭火器应设置在位置明显和便于取用的地点，且不得影响安全疏散。

2）灭火器不得设置在超出其使用温度范围的地点，不宜设置在潮湿或强腐蚀性的地点，当必须设置时应有相应的保护措施。露天设置的灭火器应有遮阳挡水和保温隔热措施，北方寒冷地区应设置在消防小室内。

3）对有视线障碍的灭火器设置点，应设置指示其位置的发光标志。

4）手提式灭火器宜设置在灭火器箱内或挂钩、托架上，其顶部离地面高度不应大于 1.50m，底部离地面高度不宜小于 0.08m。

5）灭火器的摆放应稳固，其铭牌应朝外。

（7）灭火器的标志应符合下列要求：

1）灭火器筒体外表应采用红色。

2）灭火器上应有发光标志，以便在黑暗中指示灭火器所处的位置。

3）灭火器应有铭牌贴在筒体上或印刷在筒体上，并应包括下列内容：灭火器的名称、型号和灭火剂种类，灭火种类和灭火级别，使用温度范围，驱动气体名称和数量或压力，水压试验压力，制造厂名称或代号，灭火器认证，生产连续序号，生产年份，灭火器的使用方法（包括一个或多个图形说明和灭火种类代码），再充装说明和日常维护说明。

4）灭火器类型、规格和灭火级别应符合现行国家标准《建筑灭火器配置设计规范》（GB 50140—2005）的要求。

5）泡沫灭火器的标志牌应标明"不适用于电气火灾"字样。

（8）灭火器箱不得上锁，灭火器箱前部应标注"灭火器箱、火警电话、厂内火警电话、编号"等信息，箱体正面和灭火器设置点附近的墙面上应设置指示灭火器位置的固定标志牌，并宜选用发光标志。

（9）水基型灭火器不适用于变电站。

2. 干粉灭火器

（1）干粉灭火器内装干燥的、易于流动的微细固体粉末，由具有灭火效能的无机盐基料和防潮剂、流动促进剂、结块防止剂等添加剂组成，利用高压二氧化碳气体或氮气气体作动力，将干粉喷出后以粉雾的形式灭火。其中 BC 型干粉灭火器主要内充以碳酸氢钠或同类基料的干粉灭火剂，适用于扑灭可燃液体、可燃气体和带电的 B 类火灾，不适用于可燃固体火灾、金属和自身含有供氧源的化合物火灾。ABC 型干粉灭火器主要内充磷酸铵盐基料的干粉灭火剂，适用于扑灭可燃固体火灾、可燃液体火灾、可燃气体火灾、电气火灾，不适用于金属和自身含有供氧源的化合物火灾，中高压电气火灾和旋转电机火灾需要先切断电源。二氧化碳气体驱动的干粉灭火器使用温度范围为 $-10 \sim +55℃$，氮气驱动时的使用温度范围为 $-20 \sim +55℃$。

（2）干粉灭火剂的灭火机理一是靠干粉中无机盐的挥发性分解物，在喷射时与燃烧过程中燃料所产生的自由基或活性基团发生化学抑制和副催化作用，使燃烧的链反应中断而灭火；二是靠干粉的粉末落在可燃物表面外，将可燃物覆盖后，发生化学反应，并在高温作用下形成一层玻璃状覆盖层，从而隔绝氧气，进而窒息灭火。另外，干粉灭火剂还起到稀释氧气和冷却的作用。

（3）干粉灭火器具有灭火种类多、效率高、灭火迅速等特点，同样火灾危险场所配置的灭火器数量少、重量轻，便于人员操作。内装的干粉灭火剂具有电绝缘性好，不易受潮变质，便于保管等优点，使用的驱动气体无毒、无味，喷射后对人体无伤害。特别是磷酸铵盐 ABC 型灭火器属通用型灭火器，在电厂中运用最广泛，但对精密仪器或设备存在残留污染。

（4）手提式干粉灭火器主要由盛装干粉的粉桶、贮存驱动气体的钢瓶、装有进气管和出粉管的器头、输送粉末的喷管和开启机构等组成，常温下工作压力为 1.5MPa。使用时，应先将灭火器提到距离起火点 5m 左右，放下灭火器，如在室外，应选择在上风方向喷射。使用前可将灭火器颠倒晃动几次，使筒内干粉松动，然后拔下保险销，一只手握住喷射软管前端喷嘴根部，另一只手用力按下压把或提起储气瓶上的开启提环，喷出干粉灭火。有喷射软管的灭火器或储压式灭火器在使用时，一手应始终压下压把，不能放开，否则会中断喷射。

（5）推车式干粉灭火器主要由筒体、器头总成、喷管总成、车架总成等部分组成。使用时把灭火器拉或推到燃烧处，在距离着火点 10m 左右停下，将灭火器后部向着火源停靠好，使其不在使用时倒下，在室外应置于上风方向，先取下喷粉枪，展开缠绕在推车上的喷粉胶管，应该让出粉管平顺的展开，不能有弯折或打圈情况，接着除掉铅封，拔出保险销，再提起进气压杆或按下供气阀门，使二氧化碳或氮气进入贮罐，当表压升至 $0.7\sim1.0$MPa 时，放下进气压杆停止进气，然后拿起喷枪打开出粉阀，对准火焰根部喷出干粉扑火。

(6) 扑灭液体火灾时，不要使干粉气流直接冲击液面，以防止飞溅使火势蔓延。如果被扑救的液体火灾呈流淌燃烧时，应对准火焰根部由近至远并左右扫射，把干粉笼罩住燃烧区，防止火焰回窜，直至把火焰全部扑灭。如果可燃液体在容器内燃烧时，使用者应使喷射出的干粉流覆盖整个容器开口表面，当火焰被赶出容器时，使用者仍应继续喷射，直至将火焰全部扑灭。如果可燃液体在金属容器中燃烧时间过长，容器的壁温已高于扑救可燃液体的自燃点，此时极易造成灭火后再复燃的现象，若与泡沫类灭火器联用，则灭火效果更佳。使用磷酸铵盐干粉灭火器扑救固体可燃物火灾时，应对准燃烧最猛烈处喷射，并上下、左右扫射，如条件许可，使用者可提着灭火器沿着燃烧物的四周边走边喷，使干粉灭火剂均匀地喷在燃烧物的表面，直至将火焰全部扑灭。

(7) 干粉灭火器应存放在阴凉、通风并取用方便之处，灭火器应保持干燥、密封，防止雨淋，以免干粉结块，防止烈日暴晒、接近火源，以免二氧化碳驱动气体受热膨胀而发生漏气现象，存放环境温度为 $-10\sim+45$℃。干粉灭火器应由专业单位负责保养、维修，每季度应定期检查，干粉是否结块，二氧化碳或氮气气量是否充足，保险销及铅封是否完好，压力值是否符合要求，瓶头阀、喷筒、喷射软管等有无损坏，筒体是否锈蚀或泄漏，推车行驶机构是否灵活、方便。灭火器一经使用或灭火剂不足（减少了额定充装质量的 10%）时应立即再充装，灭火器距出厂年月期满五年后每隔两年或再充装前应送至指定的专业维修单位，逐具对灭火器筒体和推车式灭火器喷射软管组件进行水压试验，试验压力为 2.6MPa，试验时不得有泄漏、破裂以及反映结构强度缺陷的可见的变形，合格后方可再使用，不合格者应进行报废处理。试验合格的灭火器筒体内部应清洗干净，并确保筒体内干燥，不允许有明显锈蚀，然后方可充装灭火剂，对贮气瓶式灭火器充装后应逐具进行气密性试验，每次检验、维修和水压试验后应在灭火器上标明日期。按《灭火器维修与报废规程》的规定，从出厂日期算起，干粉灭火器的使用期限为 10 年，灭火器过期、损坏或检验不合格者，应及时报废、更换。

四、正压式消防空气呼吸器

（1）设置固定式气体灭火系统的发电厂和变电站等场所应配置正压式消防空气呼吸器（如图 3-2 所示），数量宜按每座有气体灭火系统的建筑物各设两套，可放置在气体保护区出入口外部、灭火剂储瓶间或同一建筑的有人值班控制室内。

（2）长距离电缆隧道、长距离地下燃料皮带通廊、地下变电站的主要出入口应至少配置套正压式消防空气呼吸器和只防毒面具。水电厂地下厂房、封闭厂房等场所，也应根据实际情况配置正压式消防空气呼吸器。

（3）正压式消防空气呼吸器应放置在专用设备柜内，柜体应为红色并固定设置标志牌。

（4）在空气流通不畅或可能产生有毒气体的场所灭火时，应使用正压式消防空气呼吸器。正压式消防空气呼吸器应定期检查，确保有效。

（5）正压式消防空气呼吸器的公称容积宜不小于 6.8L 并至少能维持使用 30min。

（6）正压式消防空气呼吸器应放置在有人值班场所，柜体应为红色并固定设置标志牌。

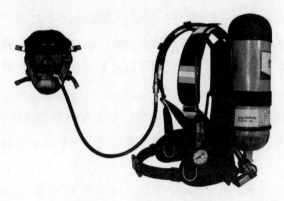

图 3-2　正压式空气呼吸器

第四节　变电站消防设施

各单位应按照相关规范在变电站内建设配置完善的消防设施。变电站现场主要的消防设施有消防水系统、火灾自动报警、固定灭火、防烟排烟等，应根据相关规范定期进行巡查、检测、检修、保养，并做好检查维保记录，确保消防设施正常运行。变电运维人员应熟知消防设施的使用方法。

一、消防水系统

消防水系统即常见的消防栓给水系统，在变电站内一般设置室外消防栓给水系统，在部分全户内变电站内还会设置室内消火栓给水系统。它是建筑消防给水系统的重要组成部分。通过室外消防栓为消防车等消防设备提供消防用水，或通过进户管为室内消防给水设备提供消防用水。

1. 现有变电站的消防给水系统分类

（1）配置消防水池与消防水箱；

（2）配置消防水池与消防水增压系统；

（3）配置消防水池、消防水箱及完整的消防水增压系统；

消防水增压系统由消防水泵、消防水管网、气压罐、电源和控制系统组成，为主变压器水喷淋灭火系统、消火栓提供高压水源。对于消防水源，消防水源应有可靠保证，如能接入城市消防管网，最好接入城市消防管网。因所处地区偏远，故应单独设置消防水池或消防水箱，以便确保消防水源可靠。消防水池或消防水箱的容量，应按同一时间进行一次火灾考虑，供水水量和水压应满足一次最大灭火用水，用水量应为室外和室内（如有）消防用水量之和。

设有消防给水的变电站应设置带取水设施、水处理设备，临时（稳）高压给水系统，消防水泵应设置备用泵，备用泵流量和扬程不应小于最大一台消防泵的流量和扬程。

变电站下列建筑物应设置室内消火栓：地上变电站和换流站的主控通信楼、配电装置楼、继电器室、变压器室、电容器室、电抗器室、综合楼、材料库，地下变电站。

消防栓、消防扳手、消防水带、消防水枪如图 3-3 所示。

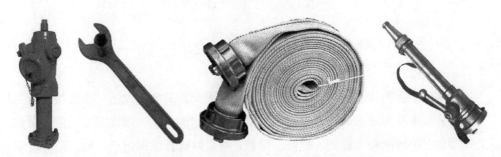

图 3-3　消防栓、消防扳手、消防水带、消防水枪

2. 消防给水系统建设要求

（1）变电站、换流站和开关站应设置消防给水系统和消火栓。消防水源应有可靠保证，同一时间按一次火灾考虑，供水水量和水压应满足一次最大灭火用水，用水量应为室内和室外（如有）消防用水量之和。

变电站、换流站和开关站的下列建筑物可不设置室内消火栓：耐火等级为一、二级且可燃物较少的丁、戊类建筑物；耐火等级为三、四级且建筑体积不超过 3000m³ 的丁类厂房和建筑体积不超过 5000m³ 的戊类厂房；室内没有生产、生活给水管道，室外消防用水取自储水池且建筑体积不超过 5000m³ 的建筑物。

（2）向环状管网输水的进水管不应少于两条，当其中一条发生故障或检修时，其余的进水管应能满足消防用水总量的供给要求。

（3）消防给水系统应按二级负荷供电。

（4）消防给水系统的阀门应有明显的启闭和日常工作状态标志。

（5）消防用水可由城市给水管网、天然水源或消防水池供给。利用天然水源时，其保证率应不小于 97%，且应设置可靠的取水设施。

（6）设有给水的变电站、换流站和开关站应设置带消防水泵、稳压设施和消防水池的临时（稳）高压给水系统、消防水泵应设置备用泵、备用泵流量和扬程不应小于最大一台消防泵的流量和扬程。

（7）配有消防水池的变电站，由两台消防泵（一用一备）通过水管从消防水池抽水，经气压罐加压后输送到消防管网，最终送至室外、室内的消火栓。除消防泵外，还装设有两台稳压水泵作为管网的稳压装置，使管网压力保持在 0.3～0.5MPa 左右。

（8）主变压器设水喷雾灭火时，消防水池的容量应满足 0.4h 水喷雾灭火和室外消火栓的用水总量。室外消火栓用水量不应小于 10L/s。消防水池的补水时间不宜超过 48h，对于缺水地区不应超过 96h。

（9）独立建造的消防水泵房，其耐火等级不应低于二级。消防水泵房设置在首层时，其疏散门宜直通室外；设置在地下层时，其疏散门应靠近安全出口。消防水泵应保证在火警后 30s 内启动。消防水泵与动力机械应直接连接。消防水泵按一运一备或二运一备比例设置备用泵，备用泵的流量和扬程不应小于最大 1 台消防泵的流量和扬程。应有备用电源和自动切换装置。

（10）室内消火栓配置标准。

1）室内消防栓给水管网与自动喷水灭火系统、水喷雾灭火系统的管网应在报警阀或雨淋阀前分开设置。

2）室内消火栓应设置在明显易于取用的地点，保证每一个防火分区同层有两支水枪的充实水柱同时到达任何部位；栓口离地面或操作基面高度宜为1.1m，其出水口宜向下或与设置消火栓的墙面成90°角；栓口与消火栓箱内边缘的距离不应影响消防水带的连接；每个室内消火栓设置直接启动消防水泵的按钮，并应有保护措施。

3）同一建筑物内应采用统一规格的消火栓、水枪和水带。每条水带的长度不应小于25m。

4）室内消火栓使用方法：①拉开消防栓门，取出消防水带、水枪。②按下报警启泵按钮（装有消防给水系统）。③检查消防水带及接头是否良好，如有破损，禁止使用。④向火场方向铺设消防水带，注意避免扭折。⑤将消防水带与消火栓连接，将连接扣准确插入滑槽，并按顺时针方向拧紧。⑥连接完毕后，至少有2名操作者紧握消防水枪，对准火源（严禁对人，避免高压伤人），另外1名操作者缓慢打开消火栓阀门至最大，对准火源根部喷射进行灭火，直到将火完全扑灭。

（11）室外消火栓配置标准。

1）室外消火栓应沿道路设置，距路边不应大于2m，距房屋外墙不宜小于5m，并设有保护措施。

2）室外消火栓间距不应大于120m，保护半径不应小于150m。

3）室外消火栓宜采用地上式消火栓。地上式消火栓应有一个DN150或DN100和2个DN65的栓口。

4）室外消火栓、阀门、消防水泵接合器等设置地点应设置相应的永久性的固定标识。

5）户外消火栓使用方法：①拉开消防栓门，取出消防水带、水枪。②检查消防水带及接头是否良好；如有破损，禁止使用。③向火场方向铺设消防水带，注意避免扭折。④打开出水口闷盖，将消防水带与消火栓连接，将连接扣准确插入滑槽，并按顺时针方向拧紧。⑤连接完毕后，至少有2名操作者紧握消防水枪，对准火源（严禁对人，避免高压伤人），另外1名操作者用消防扳手打开阀门至最大，对准火源根部喷射进行灭火，直到将火完全扑灭。

（12）消火栓使用注意事项：

1）使用范围：供居民扑救建筑内初起火灾（24m以下）。

2）室外变电站和有隔离油源设施的室内油浸设备着火时，可用水灭火，无放油管路时，则不应用水灭火。

3）当电气设备套管仅是外部着火，虽可用喷雾式消防水枪灭火，但此时套管可能会爆裂，所以这是不得已采用的手段，此灭火方式也适用于各种电气设备。

4）当电气设备着火用消防水灭火时，必须在无电情况下进行。

5）消防水带向火场方向有带电设备时，消防水带严禁对接。

6）使用消防水灭火时，扑救人员应站在上风口。

7）充油设备油流到地面着火时，严禁使用消防水灭火。

8）谨慎采用消火栓进行灭火，因为消防管网水压较高，水枪较难控制，又非全部停电，使用操作不当会给人身和设备带来更大的危害。

9）带电设施附近的消火栓应配置喷雾水枪。

二、室外消防小室

（1）油浸式变压器、油浸式电抗器、油罐区、油泵房、油处理室、特种材料库、柴油发电机、磨煤机、给煤机、送风机、引风机和电除尘等处应设置消防砂箱或砂桶，内装干燥细黄沙。消防砂箱容积为 $1.0m^3$，并配置消防铲，每处 3～5 把，消防砂桶应装满干燥黄砂。消防砂箱、砂桶和消防铲均应为红色，砂箱的上部应有白色的"消防砂箱"字样，箱门正中应有白色的"火警119"字样，箱体侧面应标注使用说明。消防砂箱的放置位置应与带电设备保持足够的安全距离。

（2）消防砂箱配置要求。

1）220kV 变电站，若为室外油浸式主变压器，则在每台变压器旁配置一箱黄砂，每只砂箱配备 3～5 把消防铲。室内油浸式主变压器则不作要求。

2）110kV 变电站，若为室外油浸式主变压器，则在每台变压器旁配置一箱黄砂，每只砂箱配备 3～5 把消防铲。室内油浸式主变压器则不作要求。

3）35kV 及以下变电站，若为室外油浸式主变压器，则在每台变压器旁配置一箱黄砂，每只砂箱配备 3～5 把消防铲。室内油浸式主变压器则不作要求。

（3）消防砂使用方法：

1）打开砂箱出砂口，部分砂子流出地面；地面砂子不足时，可用消防铲向沙箱内取砂子。

 2）取用消防铲、消防桶。

 3）用消防铲将砂子撬进消防桶。

 4）利用消防桶将砂子快速奔赴火场。

 5）将砂子对着火设备进行灭火或隔断。

（4）消防砂使用注意事项：

 1）当充油设备油流到地面着火时，可用干燥的砂子灭火和隔断。

 2）当电缆沟内发生着火时，可用干燥的砂子灭火和隔断。

 3）消防砂严禁在带电设备上使用。

 4）使用消防砂时，扑救人员应站在上风口。

三、火灾自动报警系统

火灾自动报警系统，是探测火灾早期特征、发出火灾报警信号，为人员疏散、防止火灾蔓延和启动自动灭火设备提供控制与指示的消防系统。

火灾报警系统由火灾报警控制器（联动型）、火灾探测器、手动火灾报警按钮、声光报警器、消防模块、消防电话和应急广播、消防应急照明和疏散指示系统等部件组成。火灾自动报警系统应具备消防点位布置图。

火灾探测报警系统如图 3-4 所示。

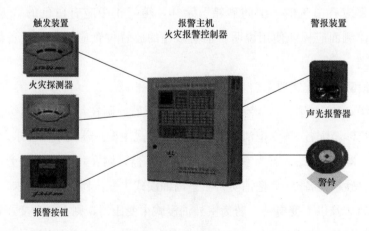

图 3-4 火灾探测报警系统

火灾报警控制器：是火灾自动报警系统中的核心组成部分。

火灾探测器：能够对火灾参数（如烟、温、光、火辐射）响应并自动产生火灾报警信号的器件。变电站内火灾探测器主要包括点型光电感烟探测器、线型光束感烟探测器、缆式线型感温火灾探测器（感温电缆）、点型感温探测器、紫外火焰探测器等。

手动火灾报警按钮：手动产生火灾报警信号的触发器件。

声光报警器：用以发出区别于环境声光的火灾警报信号的装置，以声光音响方式向报警区域发出火灾警报信号，警示人员采取安全疏散、灭火救灾措施。

各类消防模块：主要包括输入模块、输入/输出模块、短路隔离模块等。

1. 变电站中的以下场所和设备应具备火灾自动报警系统

（1）主控通信室、配电装置室、可燃介质电容器室、继电器室、蓄电池室、电抗器室。

（2）采用固定灭火系统的油浸变压器、电抗器。

（3）地下变电站的油浸变压器。

（4）220kV 及以上变电站的电缆夹层及电缆竖井。

（5）地下变电站、户内无人值班的变电站的电缆夹层及电缆竖井。

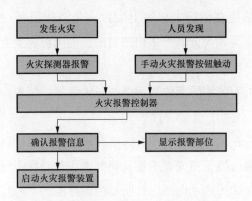

图 3-5　火灾探测报警系统工作原理图

2. 火灾报警控制器配置标准

（1）火灾报警控制器应设置在有专人值班的值班室。

（2）变电站中的火灾报警控制器应为联动型，主电源正常时采用 220V 交流供电，装置本身配有蓄电池，正常在充电状态，待交流失电时自动切换至自备电池（DC24V）供电，该电池会向主机系统正常供电 10h 左右，当主电源恢复时，能自动切回到主电源；或可直接连接 UPS 电源，严禁使用电源插头和漏电开关。

（3）火灾报警主机应安装牢固、平稳、无倾斜；配电线路清晰、整齐美观、避免交叉，并牢固固定，专用导线或电缆应采用阻燃型屏蔽电缆，传输线路应采用穿金属管、经阻燃处理的硬质熟料管或封闭式线槽保护方式布线。

（4）模拟火灾响应试验，接收火灾报警信号后控制器应在 10s 内发出声、光报警信号，可手动消除，如再次有火灾信号输入时能重新启动。

（5）故障报警的联动试验，控制器与火灾探测器、控制器与传输火灾报警信号作用的部件发生故障时，应能在 100s 内发出与火灾报警信号有明显区别的声、光故障信号，且能正确指出故障部位或类型。

（6）控制器执行自检功能应能切断受其控制的外挡设备；自检时非自检回路有火灾报警信号输入，控制器发出火灾报警声、光信号。

（7）应设置上传信号——"消防装置故障"信号、"消防装置总报警"或"消防火灾总报警"信号，有条件可接入智能辅控平台。

（8）可存贮或打印火灾报警时间和部位。

3. 消防点位图配置标准

（1）新建变电站应在消防主机边上配置一张消防报警点位图，要求点位清晰、完整，点位图应美观大方，可采用塑封图、泡沫板、亚克力板等形式，图板破损后应立即更换。

（2）有条件的可安装消防点位显示屏或显示装置，装置应能正确、及时显示对应报警位置。

（3）旧变电站应在消防主机旁印有一张自动报警平面图，对感烟探测器、感温探测器、手动报警按钮、声光音响器及控制模块做好标识标记及编号。

（4）控制器有保护接地，电源应有明显接地标志。

火灾探测报警系统工作原理图如图 3-5 所示。

4. 手动火灾报警按钮配置标准

（1）手动火灾报警按钮（如图 3-6 所示）应设置在室外出入口处或走廊通道。

（2）组件应完整，有明显标志。

（3）安装应牢固，无明显松动，不倾斜。

（4）手动报警按钮安装高度适宜。

5. 烟感、温感火灾探测器配置标准

（1）室内安装的烟感按面积大小进行适当配置，安装位置应尽量便于日常维护，带电设备（开关柜、站用变压器等）上方不宜安装。

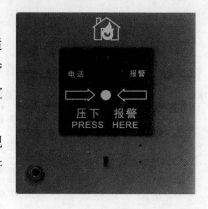

图 3-6　手动火灾报警按钮实物图

（2）表面无腐蚀、涂覆层脱落、起泡现象，无明显划痕、毛刺等机械损伤，文字符号和标志清晰；

（3）探测器水平安装，底座安装应牢固，无明显松动，周围 0.5m 内无遮挡物；

（4）探测器离灯大于 0.2m，离通风口大于 1.5m，至墙壁、梁边水平距离不小于 0.5m；感温探测器的安装间距，不应超过 10m，感烟探测器的安装间距，不应超过 15m；

（5）在烟感不宜安装区域，可安装温感装置或红外对射装置。

变电站烟感装置如图 3-7 所示。

6. 声光报警器配置标准

（1）声光报警器（如图 3-8 所示）应设置在室外出入口处或走廊通道，一般建议安装在手动火灾报警按钮正上方。

（2）组件应完整，有明显标志。

（3）安装应牢固，无明显松动，不倾斜。

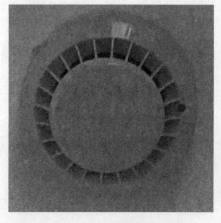

图 3-7　变电站烟感装置实物图

图 3-8　声光报警器实物图

（4）声光报警器安装高度适宜，四周无遮挡物，易观察识别。

7. 消防模块配置标准

（1）每个报警区域内的模块宜相对集中设置在本报警区域内的金属模块箱中，本报警区域内的模块不应控制其他报警区域的设备。

（2）模块应安装牢固、无倾斜，配线清晰、整齐、美观，并牢固固定。

（3）消防模块严禁设置在配电（控制）柜（箱）内。

（4）消防模块应命名准确，标识清晰。

8. 消防电话和应急广播配置标准

（1）变电站内配置有消防电话和应急广播时，广播的控制装置、消防电话总机应设置在专人值班场所。

（2）变电站配有消防电话总机的，各生产设备房间（区域）应设置消防专用电话分机，分机应固定安装在明显且便于使用的部位。消防专用电话网络应为独立的消防通信系统。

（3）消防应急广播、消防电话的正下方应有标识，消防电话的标识应有别于普通电话。

9. 消防应急照明和疏散指示系统配置标准

（1）消防应急照明和消防安全疏散指示标志应设置在疏散通道、安全出口处。

（2）消防应急照明的自带蓄电池应满足不少于 20min 照明时间。

（3）疏散指示应设置在疏散走道及其转角处距离地面高度 1m 以下的墙面或地面上。

（4）消防应急照明和疏散指示系统的联动控制设计，应由消防联动控制器联动消防应急照明配电箱实现。

（5）当确认火灾后，由发生火灾的报警区域开始，顺序启动全楼疏散通道的消防应急照明和疏散指示系统。

四、火灾自动报警控制器介绍

下面以 JB-3208B 型为例来介绍下火灾自动报警控制器的使用方法，如图 3-9 所示。

1. 主机面板说明

（1）液晶显示屏：位于主机的左上角。能显示主机的各种状态，供编程、查看、屏蔽、远程控制等操作使用。

图 3-9　JB-3208B 火灾自动报警装置

（2）主机状态显示屏：位于主机上方的中央部分。

（3）指示灯说明：

☒火警（红）总灯：主机中任意一只火灾探测器报警或手动按钮报警时亮。

☒监管（红）总灯：主机中属"监管"报警的探测点报警时亮。

☒故障（黄）总灯：主机中任意一个探测点或联动点有故障或有其他系统故障时亮。

☒启动（红）总灯：主机中任意一个联动模块被启动后亮。

☒反馈（红）总灯：主机中任意一个联动模块接收到被控设备的反馈信号以后亮。

☒主电工作（绿）指示灯：主机处于交流 220V（主电）供电时亮。

☒主电故障（黄）指示灯：主机处于交流 220V（主电）断电时亮。

☒备电工作（绿）指示灯：主机处于直流 24V（备电）供电时亮。

☒备电故障（黄）指示灯：主机处于直流 24V（备电）断电或其他故障时亮。

☒延时输出（黄）指示灯：主机中发生联动控制的延时输出现象时亮。

☒系统故障（黄）指示灯：主机中系统软件发生故障时亮。

☒消音（绿）指示灯：主机进行消音操作时亮。

☒屏蔽（黄）指示灯：主机内有屏蔽点时（包括火灾报警探测点、监管报警探测点、火灾显示盘、控制模块或多线模块等进行屏蔽操作）亮。

☒自动状态（绿）指示灯：主机处于"自动"状态时亮。

☒手动状态（绿）指示灯：主机处于"手动"状态时亮。

☒自检（黄）指示灯：主机在进行系统自检操作（声光测试）时亮。

☒锁键（黄）指示灯：主机中进行锁键操作时亮。

☒发送（绿）指示灯：主机处于"发送"状态时亮。

☒接收（绿）指示灯：主机处于"接收"状态时亮。

☒打印（绿）指示灯：主机进行打印操作时亮。

（4）热敏打印机：位于主机的右上角。能自动或手动打印出主机的火警、故障及其他各种数据（用热敏打印纸，不需要色带。电源指示灯亮表示打印机电源正常；错误指示灯闪亮，表示打印机系统有故障！按"走纸键"钮，可进行空白走纸）。

（5）主机喇叭：在打印机的下方。能发出主机所需的火警声、监管声、联动声以及故障声。

（6）主机操作键盘：在主机主面板的下方有 4 个键盘区：系统键区；数字键区；状态键区；类别键区。

1）系统键区（12 键）：

【复位】键：按下此键，可使本主机进行系统复位。

【打印】键：按下此键，允许打印，同时打印指示灯亮；再按一次，禁止打印，同时打印指示灯灭。主机在某些菜单下，能进行打印操作。

【消音】键：按下此键，可以消除各种音响（包括火警声、故障声、监管声和联动声等）。

【删除】键：在主机"编程菜单"的编程过程中，按下此键，可以删除选中的编程内容。（运维人员禁用）

【退出】键：在主机"编程菜单"中，按下此键，可以退回到上一级菜单。在某"编程菜单"中进行修改后，按"退出"键，往往弹出"保存/放弃"选择后确认的菜单来。

【屏蔽】键：在主机"属性配置"编程中，按下此键，可以把选中的地点（某回路点号）命名为"屏蔽点"。再按一次屏蔽键，此点为"预留点"。再按一下，就退出"屏蔽"状态了。另外，屏蔽键可以快捷查看屏蔽信息和预留信息。

6 个【方向】键：除了上、下、左、右 4 个方向键外，还有 2 个上下翻页键。特别注意的是，这 6 个方向键的"快捷键"功能：向上键为"查看火警信息"快捷键；向下键为"查看监管信息"快捷键；向左键为"查看故障信息"快捷键；向右键为"查看当前配置"快捷键；向上翻页键为"查看联动信息"快捷键；向下翻页键为"查看启动提示"快捷键。

2）数字键区（12键）：

10个【数字】键：0～9此10个数字键，一键多用。

【编程】键：按下此键后，输入修改密码（密码请咨询安装单位或厂家），可直接进入"编程主菜单"；输入查看密码，可直接进入"查看主菜单"。

【确认】键：按下此键，能够确认在各编程菜单中，"保存"所修改的内容。

3）状态（总线联动操作）键区（8键）：

【自动/手动】状态选择键：按下此键，主机可在自动与手动之间进行状态切换。

【停止】键：按下此键，可以使得总线联动操作停止。

【机号】键：按下此键，可以选择机号。（配用数字键或上下键）

【回路】键：按下此键，可以选择回路号。（配用数字键或上下键）

【点号】键：按下此键，可以选择点号。（配用数字键或上下键）

【分区】键：按下此键，可以选择分区号。（配用数字键或上下键）

【声光】键：按下此键，启动系统声光警报器。再按此键，系统声光警报器停止。

【启动】键：按下此键，可以发出总线联动操作启动信号。

4）类别（联动模块）键区（32键；15个待定键）：

装置含消防广播、警铃、声光报警、新风机、照明切断、动力切断、排烟阀、正压送风阀、卷帘门半降、卷帘门全降、警笛、排烟风机、防火阀、防火门、空调、正压送风机、水幕等17种功能。本所只使用有警铃、声光报警、动力切断、警笛4种。

2．多线联动控制面板

除有消防给水系统——即消防泵启动停止外无效。

3．主机常见操作

（1）编程（查看）菜单进入的操作方法。首先按【编程】键后，液晶显示提示：请输入密码。输入密码后，LCD屏立即显示编程（查看）主菜单（见表3-2）。

表3-2　　　　　　　　　　　编程（查看）主菜单

系统配置	系统调试	系统信息	联动编程	记录信息
1 回路配置	1 单步测试	1 故障信息	1 与或逻辑	1 运行记录
2 属性配置	2 声光测试	2 火警信息	2 分区逻辑	2 火警记录
3 通讯端口	3 串口测试	3 监管信息	3 火警总报	3 联动记录

续表

系统配置	系统调试	系统信息	联动编程	记录信息
4 时间设置	4 层显数据	4 联动信息	4 故障总报	4 监管记录
5 气体灭火	5 联网测试	5 气体灭火	5 广播模块	5 故障记录
6 系统声光	6 逻辑测试	6 屏蔽信息	6 多线复位	6 系统变更
7 火灾确认	7 属性传送	7 声光信息	7 外控电源	7 关于系统
8 打印设置	8 通信情况			8 调试指南
9 密码修改				

注 变电运维人员正常情况下只能在"系统信息"和"记录信息"两栏进入查看;当某烟感长期误报时,将该烟感屏蔽,应经班组管理人员同意后,并报变电运维室消防兼管员备案;如进入其他栏修改必须经公司主管消防专职同意。

(2) 当某一烟感长期误报时,可将该烟感屏蔽操作方法。从按【编程】键→输入"密码"→进入"系统配置"中"2 属性配置"先选中误报烟感的"回路"号→按【确认】键后弹出该回路的所有烟感探头的点号→用下键选中需屏蔽的烟感点号,按【屏蔽】键后再按【确认】键,弹出"警告"对话(数据已经变更,是否要保存),选择"保存"进行"传输数据"后"屏蔽指示灯"亮。

(3) 故障信息的查询操作方法。从按【编程】键→输入"密码"→进入"系统信息"→选中"1 故障信息"可以查询该信息。在该主菜单下另外可以查询"火警信息"、"监管信息"、"联动信息"、"屏蔽信息"等。

(4) 火警记录的查询操作方法。从按【编程】键→输入"密码"→进入"记录信息"→选中"2 火警记录"可以查询该信息。在该主菜单下另外可以查询"运行记录"、"联动记录"、"监管记录"、"故障记录"、"系统变更记录"等。

(5) 主机火灾报警处理。当主机探测任何火灾探测器动作(包括手报),能自动发出火灾报警信号。当主机探测到两只或两只及以上的火灾探测器动作(或消防手报动作,按室内消火栓内的手报时还能启动消防泵启动),在自动发出火灾报警的同时,火灾楼层除消防电源外的所有风机电源、动力箱电源、照明电源、空调电源均切断。

1) 处理步骤:首先将主机的运行方式改为手动,再按【消音】键;根据主机显示屏上的中文显示编码对应表查看报火警的具体位置并记录,在确保个人安全的前提下到现场情况检查。若报警区域内有火灾,按变电站火灾应急处理预案进行处理。若报警区域内无火灾,则是火灾探测器误报,按【复位】键一次,检查主机运行是否正常,若正常将主机的运行方式改为自动;若仍报火警则该探测器发生故障,填写一般缺陷后可自行将其进行屏蔽操作或告维保单位进行处理。

2）注意事项：

a. 如果发生火灾，在确保自身安全（着火设备停电、劳保用品齐备、安全距离足够等）的情况下，进行现场检查或使用相应的消防器材（设施）对着火设备进行灭火。

b. 若火灾报警区域存在火灾，严禁送上非消防设备的电源开关。

c. 若确定是火灾探测器误动作，将主机手动方式下，按下复位键，送出跳开的风机电源、动力箱电源、照明电源、空调电源开关；再检查误动的探测器是否动作。若误动的探测器仍动作，按下消音键后可自行将其进行屏蔽操作或告知/诉维保单位进行处理。

d. 红外烟感探测器动作复归操作。安装在高压电气设备室的红外烟感探测器，当该高压设备室进行工作，人或工器具遮挡红外对射时间大于 3s 时，其探测器动作（红灯闪光变常亮），用复位键操作无效。此时应将主机停开机操作（停机时间大于 3s）才有效。

（6）主机报故障时处理。先按【消音】键消音，做好记录后，按【复位】键对报警主机进行复位一次，若复位不成按重要缺陷上报，并通知维保单位进行处理。

注意事项：

a. 主电故障处理：检查主机无明显故障后，可试送火灾报警电源开关一次，若试送不成，关闭主机备电开关，汇报变电运维室消防兼管员，并立即通知维保单位处理，24h 必须修好，未修复之前应采取相应的防火灾措施。

b. 备电故障或系统的信号模块、控制模块、回路总线等故障时，填报重要缺陷，并立即通知维保单位处理，72h 必须修好。

c. 探测器、手报按钮、声光讯响器等元器件故障时，填写一般缺陷，并进行屏蔽操作或通知维保单位进行处理。当防火重点部位探测器屏蔽超过 20% 时，应按重要缺陷流程处理。

以上处理时应按消音键，解除对处理人员的干扰。

（7）主机的投退操作：

1）退出操作：

a. 拉开"主机"备电开关。

b. 拉开"主机"主电开关。

2）投入操作：

a. 合上"主机"主电开关。

b. 合上"主机"备电开关。

c. 检查"主机"无动作信号及异常。

d. 检查后台机上"消防火灾总报警""消防装置故障"光字牌灭。

完成以上操作后，主机自动进入自检状态：

▨提示系统处于自检状态。

▨提示授权状态。

▨显示打印机信息。

▨自动检测键盘、指示灯、数码管、液晶屏幕及声音。

自检完毕后，开机过程结束，主机进入正常监控状态。主机键盘上设有【自检】键，按下此键后系统将进行和开机时相同的声光检查。

特别提醒：开机操作前必须检查如下内容，如有下列问题之一者严禁开机。①外线是否松动或有无短路现象。②装置熔丝有无断线或脱落现象。③装置蓄电池连接不正确。④装置端子配线不符合接线图接线。⑤装置电路板有松动或脱落现象。⑥装置打印纸未安装，注意热敏打印纸不得装反。

4. 巡视检查主要内容

（1）"主机"的主电指示灯亮。

（2）"主机"的电压显示在正常范围。

（3）"主机"的显示时间正确。

（4）"主机"其他指示灯全部处于熄灭状态，无报警信息。

（5）"主机"工作方式在"自动"状态。

（6）"主机"键盘锁开关在关闭位置。

（7）烟感探测器运行正常，无报警信息。

（8）公用测控装置中"消防火灾总报警"及"消防装置故障"光字牌灭。

第五节　变电站消防维保

变电站消防维保工作，应由正规的消防技术服务机构在变电站进行各项消防维保工作，便于统一相关工作要求和标准，全面提升变电站的消防安全管理水平。

一、变电站消防维保原则

变电站消防维保、检测工作主要是指消防技术服务机构在变电站内对各类消防设备进行巡检、维护、保养、消缺、维修、检测以及相应的建立档案等工作。

(1)"消防维保"主要是指消防技术服务机构在变电站内对各消防设备进行巡检、维护、保养、消缺、维修以及相应的建档工作。根据国家、行业、公司有关规定,消防维保应分为月度、季度、年度维保。

(2)"消防检测"主要是指消防技术服务机构在变电站内对各消防设备进行年度检测以及相应的建档工作。根据国家、行业有关规定,消防检测应每年至少一次。

(3)消防维保、消防检测工作应严格遵循并执行以下法律法规、国家以及行业标准:

《中华人民共和国消防法》

《电力设备典型消防规程》(DL 5027—2015)

《火力发电厂与变电站设计防火规范》(GB 50229—2006)

《建筑设计防火规范》(GB 50016—2014)

《消防给水及消火栓系统技术规范》(GB 50974—2014)

《火灾自动报警系统设计规范》(GB 50116—2013)

《火灾自动报警系统施工验收规范》(GB 50166—2007)

《自动喷水灭火系统施工及验收规范》(GB 50261—2005)

《水喷雾灭火系统设计规范》(GB 50219—2014)

《泡沫灭火系统施工及验收规范》(GB 50281—2006)

《建筑消防设施检测技术规程》(GA 503—2004)

《消防联动控制系统》(GB 16806—2006)

《国家电网公司电力安全工作规程》(国家电网企管〔2013〕1650号)

(4)消防维保、消防检测应贯彻"安全可靠、保质保量"的方针,为变电站的消防设备提供可靠的质量保障。确保变电站消防设备安全、可靠,实现预先防止、及时消除变电站内各类火灾及其隐患的目的。

二、变电站消防维保检测工作要求

1. 维保单位及人员要求

（1）变电站消防维保单位、维保人员应按照国家标准、行业标准、国家电网有限公司及各单位规定对变电站消防设备进行巡检、维护、保养、消缺、维修等工作，保证维保期内的变电站消防设备的质量符合国家标准、行业标准等安全可靠稳定运行。维保单位不得转包、分包消防技术服务项目，对因维保人员的责任造成的事故负全部责任。

（2）变电站消防维保服务人员应至少取得中级技能等级建（构）筑物消防员职业资格证书，维保项目负责人还应具备注册消防工程师资格。负责人、维保人员应具有变电站消防设备维护经验，同时须熟悉电力作业相关知识。

（3）消防维保单位应预先提供维保服务人员详细名单和资料报运维单位审核并在安监部门备案。维保服务人员须参加运维单位组织的安全规程考试，考试合格后，方可进入变电站开展维保工作，运维单位以颁发工作证（出入证）件或下发工作联系单的形式对消防维保服务人员可以进入变电站进行消防维保工作的资质条件予以明确。

（4）维保服务人员应按有关规定配置齐全维保所需的相关设备和仪器，确保设备和仪器良好、可用、在检测周期内。维保服务人员进入变电站进行消防维保工作，应佩戴合格的安全帽，统一工作服装，保证在良好的精神状态下实施维保工作。

（5）维保周期实行差异化管理，220kV 及以上变电站每月维保一次，110kV 及以下变电站每季度维保两次。

（6）按照维保内容的不同，分为月度维保、季度维保、年度维保，季度维保应包含月度维保的所有内容，年度维保应包含月度、季度维保的所有内容。110kV 及以下变电站每季度第一次维保按照月度维保实施，第二次维保按照季度维保实施。

（7）维保单位应在运维管理部门的安排下参与基建、改建变电站消防工程的验收工作，包括消防隐蔽工程验收和消防竣工预验收。

（8）维保单位应按运维单位的要求承担变电站消防工作的各类配合、协助事宜。

2. 维保消缺工作流程及安全质量管控要求

（1）在年度消防维保工作开始前，应组织维保单位召开专项会议，对年度变电站消防维保工作提出质量目标、管控要求等。消防维保单位人员应参加统一组织的变电站安全教育培训。

（2）维保单位应做到维保工作有计划、有组织、有保障，制定专项的《变电站消防维保工作方案》，方案应包括维保计划、技术交底、安全交底、安全措施等，交由各属地运维单位审核，并在地市公司（省检修公司）运维检修部处备案。

（3）变电站维保及消缺工作应严格履行工作票手续。

（4）所有维保工作应严格按照变电站相关安全规定的要求进行，维保人员做好必要的安全防护措施，充分查阅相关设备台账、图纸、说明书，不得触及与消防维保工作无关的电气设备。

（5）维保过程中若因各项测试、联动等工作会导致异常信号上送本地后台及调控中心时，维保单位应提前通知运维人员，由运维人员告知调控中心当值人员，工作完毕后也应履行上述告知手续。

（6）维保服务人员对于维保过程中发现的缺陷应及时修复，新更换材料，必须使用经过国家强制认证的产品。

（7）维保单位对维保范围内的变电站实施维保服务，维保工作的工艺、过程应统一规范，同时必须符合消防设备制造厂方文件中规定的安全技术条件。维保工作结束后，及时填写有关维保记录，记录须完整、清晰，各类签字手续完备。

（8）维保记录应按规定的时间要求报运维单位备案：维保工作结束后五个工作日内提供月度维保报告，七个工作日内提供季度维保报告，十五个工作日内提供年度维保报告。

（9）因不满足安全条件，需结合设备停电方可实施的维保内容，由运维单位在停电前预先通知维保单位，维保单位在设备停电期间实施维保工作，并严格履行工作票手续。

（10）维保人员工作结束后必须将变动过的设备状态恢复到工作前状态，并履行确认手续。

（11）维保单位实施24h服务制，消防设备出现故障或异常等情况，应保证随叫随到，采取控制措施并根据消缺要求进行处理。

（12）维保单位消缺后，应做好记录，涉及更换配件的，还应提供变电站消防设备配件更换清单，上述单据由运维人员进行现场验收无误后方可签字。超出消防维保单位维保能力范围外的缺陷，例如需要其他专业配合处置或需要设备停电方可处置的，由消防维保单位分析原因，提出处置建议，并提交运维单位。

3. 变电站消防检测要求

（1）变电站消防检测单位、检测服务人员应按照国家标准、行业标准、公司规定对变电站消防设备进行检测。

（2）变电站消防检测服务人员应至少取得中级技能等级建（构）筑物消防员职业资格证书，检测负责人还应取得浙江省消防专业技术综合考试合格证或注册消防工程师资质。负责人、检测人员应具有变电站消防设备维护经验，同时须熟悉电力作业相关知识。

（3）消防检测单位应提前制定变电站消防检测方案，方案应包括技术交底、安全交底、检测计划、安全措施等，交由各属地运维单位审核，并在地市公司（省检修公司）运维检修部处备案。

（4）消防检测单位人员应参加统一组织的变电站安全教育培训。

（5）变电站消防检测工作应严格履行工作票手续。

（6）消防检测人员应按检测施工方案开展消防检测工作，消防维保人员配合，运维人员见证。

（7）检测人员应佩戴合格的安全帽，统一工作服装，保证在良好的精神状态下实施检测工作。

（8）消防检测人员对各变电站的消防设备按相关消防规范作全面检测，检测结束后出具《消防检测意见书》和《消防设施年检报告》，并于一个月内将上述材料报送运维单位和公司主管单位。

第四章 变电站重要防火部位的
防火措施与运维要求

第一节 概 述

变电站内电气设备和设施种类繁多，各类电气设备和设施的运行特点和防火措施不尽相同。在这种情况下，对于变电站内采取的防火措施正确与否显得尤为重要。变电站的消防安全是安全预防和控制的重点，只有设置严密的消防系统，将火灾隐患真正地控制在萌发之前，变电站才能得以安全运行。

变电站内有多种充油设备，其内部存有大量可燃烧的绝缘油，同时还有一定数量的可燃物，这些绝缘油和可燃物若遇设备故障引发的高温、火花和电弧影响，容易引起火灾和爆炸。变电站发生电缆着火引起火灾，严重时将会造成大面积停电，影响电网的稳定运行。因此，在变电站的设计过程中，优化变电站电缆防火设计方案，最大限度地减少由于电缆着火引发的火灾事故，对保护变电站的设备安全，提高供电的可靠性具有重要意义。

本章介绍了变电站重要防火部位的防火措施及运维要求。

第二节 主变压器消防系统

油浸式变压器在变电站中使用广泛，变压器中的变压器油和绝缘材料均属于易燃性物质。当变压器发生过负荷或短路的情况时，可燃的绝缘材料和变压器油在高温和电弧的作用下被分解，放出大量气体，致使变压器油的体积膨胀，其内部压力剧增，极有可能造成外壳爆裂，大量燃烧的油喷出发生进一步的火灾。

按照《火力发电厂与变电站设计防火规范》及《电力设备典型消防规程》中"单台容量为125MVA及以上的主变压器应设置水喷雾灭火系统、合成型泡沫喷雾系统或其他固定式灭火装置、其他带油电气设备，宜采用干粉灭火器。地下变电站的油浸变压器，宜采用固定式灭火系统"的规定，目前主要应用于主变压器的消防系统是主变压器水喷雾灭火系统和主变压器泡沫灭火系统。

一、主变压器泡沫灭火系统工作原理

合成型泡沫喷雾灭火系统采用高效能合成泡沫液作为灭火剂，在一定压力下通过专用的雾化喷头，喷射到被保护对象上迅速灭火。它是一种特别适用于电力变压器上的灭火系统，该系统吸收了水雾灭火和泡沫灭火的优点，是一种"高效、经济、安全、环保"的灭火系统。

合成型泡沫喷雾灭火系统采用高效合成型泡沫灭火剂储存于储液罐中，当出现火灾时，通过主变压器消控主机联动控制或手动控制；在高压氮气驱动下，推动储液罐内的合成型泡沫灭火剂；通过管道和水雾喷头后，将泡沫灭火剂喷射到保护对象上；迅速冷却保护对象表面，并产生一层阻燃薄膜，隔离保护对象和空气，使之迅速灭火。

合成型泡沫喷雾灭火系统吸收了水喷雾灭火系统和泡沫灭火系统的特点，实际上它与细水雾灭火系统相类似，只不过采用的灭火剂不同而已。由于泡沫喷雾灭火系统是采用储存在钢瓶内的氮气直接启动储液罐内的灭火剂，经管道和喷头喷出实施灭火，故其同时具有水雾灭火系统和泡沫灭火系统的冷却、窒息、乳化、隔离等灭火机理。整个灭火系统设备简单、布置紧凑。

二、主变压器泡沫灭火系统组成

主变压器合成型泡沫喷雾灭火系统（如图 4-1 所示）是采用高效合成泡沫灭火剂通过气压式喷雾达到灭火的目的，该灭火系统由储液罐、合成泡沫灭火剂、启动装置、主变压器消控主机、主变压器消防设备联锁箱、氮气驱动装置、电磁控制阀、水雾喷头和管网等组成，其核心是合成型泡沫喷雾灭火置和主变压器消控主机。

（一）合成型泡沫喷雾灭火装置

合成型泡沫喷雾灭火装置同时具备了水喷雾灭火和泡沫灭火的优点，借助泡沫的冷却、窒息、乳化、隔离等综合作用实现迅速灭火的目的，同时具有良好的电绝缘性能，且不易复燃。

合成型泡沫喷雾灭火装置由储液罐、合成泡沫灭火剂、动力瓶组、氮气启动源、减压阀、分区阀、泡沫喷雾喷头、管网等部件组成，如图 4-2 所示。

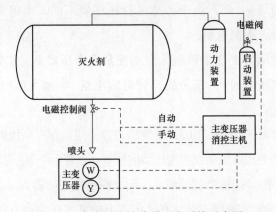

图 4-1 合成型泡沫喷雾灭火系统示意图

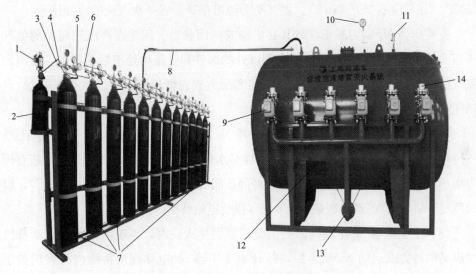

图 4-2 合成型泡沫喷雾灭火装置组成示意图

1—电磁阀；2—启动瓶（N₂）；3—瓶头阀；4—先导管；5—减压阀；6—高压铜管；7—动力瓶（N₂）；

8—集流管；9—电动阀；10—压力表；11—安全泄放阀；12—储液罐；13—泄液阀；14—灭火管

（1）储液罐。储液罐又称为主变压器泡沫罐。储液罐的罐体采用不锈钢材料制成，外表加以喷涂工艺。储液罐储存合成泡沫灭火剂和气体的容量为 2000～8000L，要求：供液时间不小于 15min。正常储液为常压（压力表指示为零），工作压力为 0.45～0.65MPa，安全泄压阀动作压力为 0.75～0.85MPa。

对于有观察管的储液罐，正常情况下必须将其观察管上下两阀门关闭，防止进行灭火操作时泄压而造成储液罐不能建立压力，从而失去灭火功能。

（2）合成泡沫灭火剂。合成泡沫灭火剂是以表面活性剂和适量的添加剂为基料制成。有效期为 3~5 年，由于各地区自然环境不同，使用寿命也各不相同，超出有效期应进行灭火剂更换。

（3）氮气启动源。主变压器泡沫启动源是主变压器 N_2 启动瓶（4L），当启动阀打开后，储气瓶内的 N_2 压力先经管道输出给 N_2 动力瓶组。它有电气启动和机械启动两种方式。

（4）氮气动力源（40L 或 70L）。装置动力源采用储存在高压钢瓶中的压缩氮气即主变压器 N_2 动力瓶组，安装在主变压器泡沫室，由若干个 N_2 动力瓶、压力表、试验（放气螺栓）把手、N_2 输出管等组成。动力源由主变压器 N_2 动力瓶（5~13 只，根据现场实际情况确定）提供，以具有一定压力的氮气作为动力介质，储存压力为 15MPa（正常应不少于 8MPa）。氮气动力源可保证装置一次灭火喷放使用。

主变压器 N_2 动力瓶正常时其处于警戒待用状态。压缩在高压钢瓶中的氮气被瓶头阀可靠地封闭在瓶内，瓶头阀以外的部件和管路均处于常压状态，瓶内的氮气压力可通过安装于瓶头的高压阀门和压力表方便地测出。当主变压器 N_2 启动瓶无压力时，也可用其进行机械启动。

机械应急具体操作要求：与主变压器 N_2 启动瓶操作方法类同，不同有三点，一是启动瓶是垂直操作即按下，而动力瓶是水平操作即按进；二是氮气动力瓶有压力指示不小于 8MPa，而不是 4MPa，经降压阀后达到储液罐整定压力；三是 N_2 启动瓶是一只，而 N_2 动力瓶是 5~13 只（视变电站情况而定）。

（5）主变压器 SP 电动阀。当主变压器发生火灾时，系统能以电气启动及机械启动两种方式启动 N_2 动力源，打开主变压器 SP 电动阀使得罐内灭火剂被压出，保证系统的正常动作。当系统停电或电气控制装置失灵时，能保证在此情况下通过操作人员的现场机械操作，也能紧急启动灭火系统。现场机械操作阀门示意图如图 4-3 所示。

机械启动时，手摇操作逆时针为阀门打开（OPEN 或 0），顺时针为关闭（SHUT 或 10）；

当主变压器灭火操作后，关闭其阀门前，应将主变压器消控主机复位后，用手摇操作顺时针至关闭位置。

（6）管路及泡沫喷头。喷头采用铜质材料制成，均匀分布在主变压器四周，以满足装置对被保护的主变压器达到最佳的喷雾保护。使泡沫雾化，起到冷却、窒息、乳化、隔离等综合作用，实现迅速灭火。

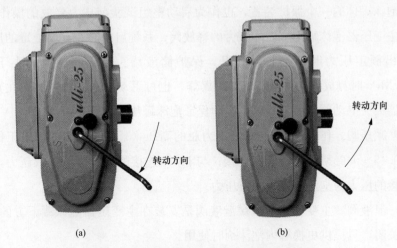

(a)   (b)

图 4-3　主变压器 SP 电动阀机械操作示意图

（a）关闭阀门操作；（b）打开阀门操作

所有湿管路均采用不锈钢材料、干管路采用热镀锌管，能保证在系统启动时，其灭火剂压力损失满足整套装置的要求，保证系统的正常灭火性能。

主变压器泡沫灭火系统管路及泡沫喷头如图 4-4 所示。

图 4-4　主变压器泡沫灭火系统管路及泡沫喷头实物图

91

（7）安全泄放阀。安全泄放阀又名为主变压器泡沫罐泄压阀，作为减压阀失灵保护泡沫罐体的一个保护装置，也作为启动整组试验前压力释放的操作元件。安装在主变压器泡沫罐上方压力表旁的释放阀，系统启动时，在储液罐的压力达到并超出额定压力时能够自动打开，保护储液罐。当罐内压力不小于 0.75（0.85）MPa 时释放压力，以防泡沫罐爆炸。也可手动释放罐内压力，尤其是做主变压器灭火电动阀开启试验时，必须保证泡沫罐压力为零。

（8）减压阀。作为主变压器 N_2 动力瓶的高压（15MPa）与泡沫罐工作喷雾压力（0.45～0.65MPa）降压和连接；与 N_2 瓶连接的表计表示输入压力，与集流管连接的压力为泡沫罐工作喷雾压力。

（9）泄液阀。主变压器泡沫罐泄液阀是安装在主变压器泡沫罐下方的阀门，正常时关闭，只提供更换罐内泡沫剂时使用。

（10）压力表。整套系统共有多个压力表，分别是启动瓶上的压力表、动力瓶上的压力表、减压阀的压力表、主变压器泡沫罐压力表。

1）启动瓶上的压力表，表示启动瓶的压力。当电磁阀顶针或机械手动按下顶针时电磁阀内撞针撞破密封膜片，释放出的气体冲破动力瓶组密封膜片。

2）动力瓶上的压力表，表示动力瓶的压力。当启动瓶压力经先导管冲开动力瓶上的瓶头阀（或机械手动按进顶针）时，压力表所指示的压力为该动力瓶的 N_2 压力，该 N_2 经降压阀后经集流管流向泡沫罐。

3）减压阀的高压表，表示动力瓶 N_2 已流至减压阀；减压阀的低压表，表示 N_2 减压阀已流至泡沫罐，且所有压力表的压力是相等的。

4）主变压器泡沫罐压力表：安装在主变压器泡沫罐上方的压力表，指示泡沫罐的压力情况；工作压力不小于 0.45（0.75）MPa。

以上所有压力表正常指示均为零，只有在专业人员试验和主变压器灭火时，才能看到压力。有压力说明存在漏气或异常，应立即请专业人员进行处理。

（11）喷头的设置应使泡沫覆盖变压器油箱顶面，且每个变压器进出绝缘套管升高座孔口应设置单独的喷头保护。

（12）保护绝缘套管升高座孔口喷头的雾化角宜为 60°，其他喷头的雾化角不应大于 90°。

（13）灭火系统的储液罐、启动源、氮气动力源应安装在专用房内。专用房的室内温度应保持在 0℃以上，其消防安全应符合现行国家标准的有关要求。

（14）供液管道管材的选用，湿式部分宜采用不锈钢管，干式部分宜采用热镀锌钢管。

（二）主变压器消控主机

主变压器消控主机是主变压器泡沫灭火系统的核心元件。其主要功能有各输入模块（火警测量回路）的输入、经本机逻辑分析与判断（主变压器各侧断路器是否跳闸、出现火警是否超过 3s、有多少温感探测器动作）、输出信息上传（变电站后台机、消防监控中心）、自动/手动发出灭火指令给输出模块（N₂ 启动瓶电磁阀模块、各主变压器 SP 电动阀模块）、指令执行后的接收（电动阀是否打开）和上送装置信号。

目前常用的主变压器消控主机有 GST200 型（如图 4-5 所示）和 TBL-2100 型（如图 4-6 所示）两种，其动作逻辑如图 4-7 所示。

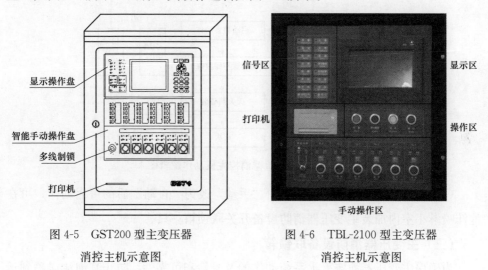

图 4-5　GST200 型主变压器　　　　图 4-6　TBL-2100 型主变压器

消控主机示意图　　　　　　　　消控主机示意图

（1）泡沫喷淋灭火系统应同时具备自动、手动和应急机械手动启动方式。在自动控制状态下，灭火系统的响应时间应不大于 60s。

（2）灭火系统的带电绝缘性能检验，应符合《接触电流和保护导体电流的测量方法》（GB/T 12113）的规定。

（3）应设置上传信号——"主变压器消防装置故障"信号：合并接入交流 220V、直流 220V、直流 24V 失电报警。"××变压器消防火灾报警"信号：按照变压器编号分别采集接入。原则上新增信号全部接入公用测控屏，若公用测控屏点位不能满足全部信号接入时，变压器消防喷淋动作信号可接入对应主变压器测控屏。

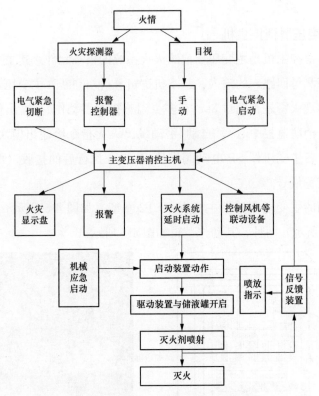

图 4-7　主变压器消控主机动作逻辑图

（4）为确保主变压器消防设备由"手动"改为"自动"后的可靠动作，可在泡沫喷淋小室内加装主变压器消防设备开关联锁箱一只。

（三）主变压器消防设备联锁箱

为确保主变压器泡沫灭火系统动作的及时性和可靠性，防止其泡沫误喷到运行主变压器上，提高主变压器火灾时灭火效果，降低对主变压器等其他电气设备的危害，对主变压器消防设备进行改造，采用主变压器高、中压两侧开关位置接点串联、引入变电站内直流强电回路等措施，有效解决了原消防系统因为误动作而引起的运行风险，系统运行更为安全、可靠。主变压器消防联锁箱设备如图 4-8 所示。

（1）内装 1 台重动继电器箱，相应空气开关、端子排配齐全，箱内安装 24V 直流电源一组（220V/24V，最大输出电流 10A），从直流屏引入独立一路直流电源（经空气开关 1DK）进重动箱。

（2）将主变压器高、中压侧断路器辅助触点（两两并联）分别引入泡沫喷淋小室内重动继电器箱（采用带屏蔽的控制电缆），主变压器故障跳开高、中压侧断路器后启动相应重动继电器，开放对应主变压器喷淋自动控制回路。

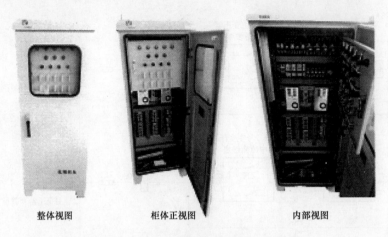

整体视图　　　　柜体正视图　　　　内部视图

图 4-8　主变压器消防联锁箱设备示意图

（3）为实现对喷淋系统控制多线模块（HJ-1807A）异常启动的监视，对多线模块启动回路进行改造，利用多线模块启动中间继电器的一副触点作监视，另一副触点用作启动电磁阀或电动阀。

（4）每一台主变压器高、中压侧断路器重动继电器的一副触点串入泡沫喷淋的电动阀（选择主变压器），与多线模块启动的中间继电器（1-3QJ）触点共同作用，使相应主变压器电动阀门动作，启动相应主变压器泡沫喷雾灭火。另一副触点与各台主变压器重动后的触点并接启动重动继电器 4ZJ，4ZJ 的重动继电器的一副触点串接多线模块启动中间继电器（QJ）触点，接通启动钢瓶电磁阀，启动源将动力源中的 N_2 充入泡沫合成罐。

（5）为防止主变压器正常操作三侧断路器检修时误动，必须在主变压器断路器分闸前退出重动箱断路器辅助触点出口回路连接片，此连接片需列入运行操作票中，与主变压器状态同步操作，同时为方便对主变压器电动控制阀进行检修，在断路器辅助触点启动回路上并联电动阀试验按钮，实现主变压器不停电时对相应主变电动控制阀进行试验，但试验前必须取下 N_2 启动瓶电磁阀，并放置稳妥。

（6）为方便运行巡视和检修，现场应具备主变压器消防喷淋各控制回路异常启动的信号指示，为防止直流电源失去或重动继电器异常影响主变压器消防喷淋系统的可靠动作，远方应实现对主变压器消防喷淋各控制回路异常启动的实时监视。

主变压器消防联锁箱启动回路如图 4-9 所示。

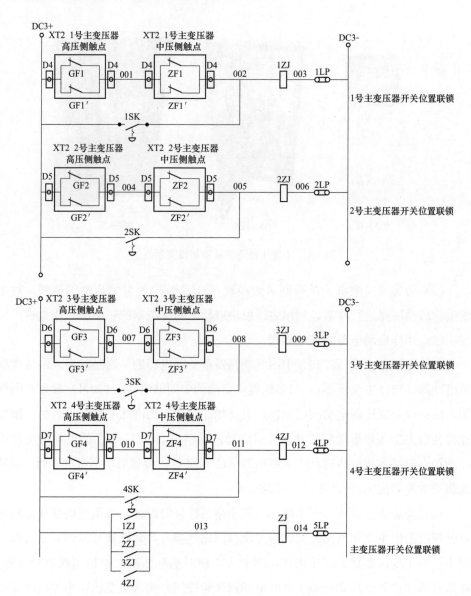

图 4-9 主变压器消防联锁箱启动回路

相关连接片说明：

1）1LP："1 号主变压器断路器位置投入压板"，当 1 号主变压器高中压侧断路器跳闸后，即满足 1 号主变压器 SP 电动阀启动的一个必要条件，也是启动主

变压器 N_2 启动瓶电磁阀的一个必要条件。在正常时放上，当 1 号主变压器停役时必须取下（其他主变压器类同）。

2）1SK："1 号主变压器电动阀试验开关"，在主变压器带电运行时，设备测试时，该断路器打至"工作"位置，1 号主变压器断路器位置继电器启动，该开关打至"停止"位置，1 号主变压器断路器位置继电器停止。（其他主变压器类同）。

3）主变压器开关位置投入压板 5LP：当任一台或多台主变压器高中压侧开关跳闸，即作为启动主变压器 N_2 启动瓶电磁阀的一个必要条件。

主变压器消防联锁器出口闭锁回路如图 4-10 所示。

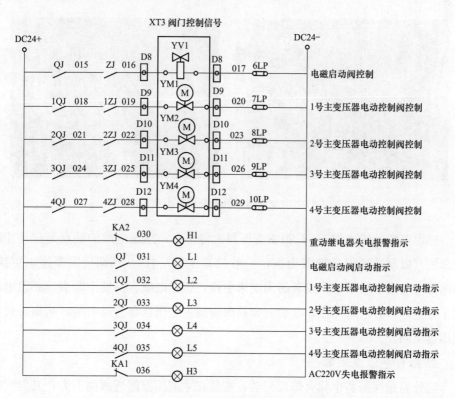

图 4-10 主变压器消防联锁箱出口闭锁回路

相关连接片说明：

1）主变压器 N_2 启动瓶电磁阀出口连接片 6LP：当任一台或多台主变压器高中压侧断路器跳闸，即满足主变压器 N_2 启动瓶电磁阀的一个必要条件，其出口还要有主变压器消控主机启动这一必要条件。

2）1号主变压器 SP 电动阀出口连接片 7LP：当1号主变压器高中压侧断路器跳闸，并且主变压器消控主机（自动、手动、遥控方式）发出1号主变压器启动指令，则1号主变压器 SP 电动阀启动条件满足。正常时放上，当1号主变压器停役时必须取下（其他主变压器类同）。

（四）主变压器泡沫灭火系统其他部件

1. 感温电缆

感温电缆须采用屏蔽式，其从各主变压器消防端子箱内模块引出，在主变压器本体上、下及储油柜上缠绕固定，电缆终端回到主变压器消防端子箱内模块上。感温电缆优点是感温准确，误差小，如图 4-11 所示。

图 4-11　主变压器感温电缆示意图及实物图

感温电缆一般达到 105℃报主变压器火警信息，感温电缆的缺点是户外使用寿命短（以制造商保质期限为准，一般只有 3 年左右），到期后需要停电更换，当感温电缆由于质量不良或者超周期未更换，感温电缆容易发生断裂，感温电缆属于导电体，有一定弹性，断裂时容易弹射到主变压器套管及引线，从而导致主变压器跳闸。

2. 红外感温探测器

红外温感探测器也称火焰探测器，安装在主变压器附近两侧上方；其温度报警（一般在 93、98、103、108℃可整定），目前整定为 98℃。当温度大于 98℃时其触点闭合（灯亮），主变压器消防端子箱内其感温（输入）模块动作（灯亮），在主变压器消控主机有火警信息（×号主变压器火灾报警、火警灯亮）。红外温感探测器缺点是误差较大、测量角度受限制，如红外温感探测器方向遇到有电气设备发热产生高温时可能会造成误动。

3. 输入模块

（1）主变压器火警输入模块，安装在各主变压器消防端子箱内，每个感温探测器配置一个模块。红外感温探测器探测温度达到整定值（98℃）时，其触点闭合，经该模块转换后，向主变压器消控主机输送主变压器火警信息，主变压器消控主机收到对应主变压器火警信号后，按照设定的逻辑程序进行分析判断并发信，在就地监控后台上报×号主变压器火警，当其他动作条件也满足时自动启动主变压器泡沫灭火系统进行扑救。正常时指示灯闪亮，表示通信正常；动作后指示灯常亮；其工作电源为直流 24V。

（2）主变压器开关位置输入模块（部分变电站使用），大部分安装在泡沫室消防模块箱内，每台主变压器配置一个模块。作为防止主变压器泡沫灭火系统启动的一个动作条件，确保主变压器泡沫灭火系统可靠动作，不误动。其模块正常时指示灯闪亮。目前，对于 220kV 主变压器，是采用高中压侧开关分闸辅助触点接入到模块，动作后其指示灯常亮。其工作电源为直流 24V。

4. 输出模块

（1）主变压器 N_2 启动瓶电磁阀模块：安装在主变压器泡沫室消防模块箱内。类似于打开主变压器消防 N_2 启动瓶的出口继电器；正常时指示灯闪亮，表示通信正常；当动作后指示灯常亮。

（2）各主变压器 SP 电动阀模块：安装在泡沫室消防模块箱内。类似于打开 1 号或 2 号主变压器泡沫灭火电动阀的出口继电器；正常时该模块两灯闪亮，表示通信正常；当接到指令后，启动灯常亮，当电动阀打开后，反馈指示灯亮。

（3）所有输入、输出模块一经动作，就自动保持到命令执行完毕，有脉冲展宽功能，其复归只能从主变压器消控主机复位操作后，其动作指示灯才能复归。

三、主变压器泡沫灭火系统操作说明

（一）警戒状态

正常时，本系统动力瓶组处于警戒待用状态。高压钢瓶中的压缩气体被瓶头阀可靠地密封在瓶内，瓶头阀以外的部件和管路均处于常压状态，瓶内的压力可以通过一个高压阀门和一只压力表测出。

（二）主变压器消控主机启动过程

1. 自动方式（主变压器消控主机在自动方式）

当主变压器发生火灾时，两点或两点及以上主变压器温感探测器动作（一般

连续 3s 及以上），向主变压器消控主机传送火灾信息，经主机逻辑分析与判断后发出灯光指示及声响，并输出火警信息上传变电站后台监控、单位消防监控中心，另外经延时（一般 30s）自动发出灭火指令，在主变压器各侧断路器分闸情况下（N₂ 启动瓶电磁阀动作、经 30s 延时打开对应的主变压器 SP 电动阀），主变压器 SP 电动阀打开后，向主变压器喷洒泡沫以达到灭火效果，同时接收该主变压器的电动阀打开反馈信息。该动作逻辑图如图 4-12 所示。

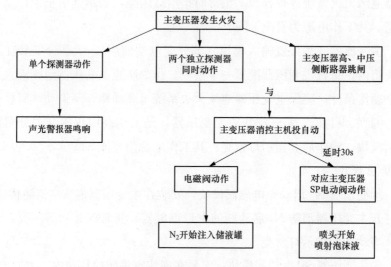

图 4-12　主变压器泡沫灭火系统自动方式动作逻辑图

2. 手动方式（主变压器消控主机在手动方式）

当主变压器发生火灾时，由于可能主变压器温感探测器未动作或动作条件不满足，在主变压器各侧断路器分闸情况下，操作人员在主变压器消控主机上先按启动键，经 30s 后（N₂ 启动瓶电磁阀动作打开动力瓶向泡沫罐传送压力完成），操作人员在主变压器消控主机上手动按下着火主变压器按键（1 号主变压器键或 2 号主变压器键），对应的主变压器 SP 电动阀打开，主变压器 SP 电动阀打开后，向主变压器喷洒泡沫以达到灭火效果，同时接收该主变压器的电动阀打开反馈信息。该动作逻辑图如图 4-13 所示。

（三）机械（应急）启动过程

当主变压器发生火灾时，由于主变压器温感探测器可能未动作或动作条件不满足，或者是主变压器消控主机故障，或 N₂ 启动瓶电磁阀故障，操作人员在现场中证实为主变压器确实发生了火情，在主变压器泡沫室进行机械（应急）灭火操作（类似于电气防误装置的紧急解锁操作），如图 4-14 所示。操作步骤说明见表 4-1（以 1 号主变压器为例）。

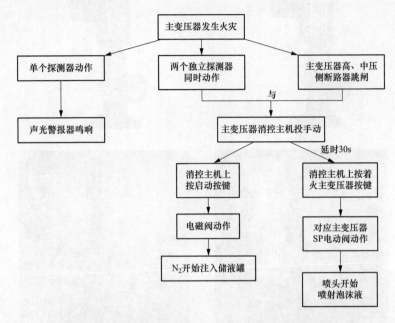

图 4-13　主变压器泡沫灭火系统手动方式动作逻辑图

表 4-1　　　　　　　　　　　　**主变压器泡沫灭火操作步骤**

顺序	操作内容	备注
1	确认 1 号主变压器着火，1 号主变压器各侧开关在分闸位置	
2	检查每台主变压器 SP 电动阀确在关闭状态	
3	拉出 N_2 启动瓶电磁阀上的保险卡环	见图 4-14（a）
4	按下 N_2 启动瓶电磁阀按钮	见图 4-14（b）
5	检查 N_2 启动瓶压力表有压力指示，则跳到第 9 步操作	
6	检查 N_2 启动瓶压力表无压力指示	适用于 N_2 启动瓶压力为零或在故障状态下的处置步骤
7	拉出 N_2 动力瓶 1～N 号上的保险卡环（即拉出所有动力瓶保险卡环）	见图 4-14（c）
8	按下 N_2 动力瓶 1～N 号按钮（即打开所有动力瓶阀门）	见图 4-14（d）
9	检查主变压器 SP 泡沫罐压力表指示不小于 0.5MPa（约 30s）	见图 4-14（e）
10	将主变压器 SP 电动阀操作把手插入 1 号主变压器 SP 电动阀手动操作孔并核对操作设备命名正确	
11	打开 1 号主变压器 SP 电动阀（逆时针从 "0" 方向摇至 "open" 位置）	见图 4-14（f）
12	检查 1 号主变压器 SP 电动阀确已打开	
13	检查 SP 合成泡沫灭火剂向 1 号主变压器喷洒	

图 4-14　主变压器泡沫灭火系统机械（应急）启动操作示意图

（a）拉出 N_2 启动瓶电磁阀上的保险卡环；（b）按下启动瓶电磁阀上的按钮；

（c）拉出 N_2 动力瓶 1～N 号的保险卡环；（d）按下 N_2 动力瓶 1～N 号按钮；

（e）检查罐体上的压力表读数不小于 0.5MPa；（f）使用专用扳手逆时针打开相对应主变压器 SP 电动阀

（四）灭火系统的恢复

本系统中的动力瓶组及合成泡沫灭火剂只供一次灭火喷放使用。灭火结束后，必须将动力瓶组的所有空瓶重新充气并复位，以供下次使用；同时将储液罐重新灌装灭火剂。

四、主变压器泡沫灭火系统巡视、维护、验收及异常处理

（一）主变压器泡沫灭火系统巡视

1. 主变压器消控主机巡视检查

（1）主机及各电源箱【主电工作】指示灯亮。

（2）主机【自动】指示灯亮。

（3）主机及各电源箱的电压显示在正常范围。

（4）主机其他指示灯全部处于熄灭状态，无报警信息。

（5）主机的显示时间正确。

（6）主机打印纸完好。

（7）主机箱、各电源箱、端子箱关闭完好，端子箱门上锁。

（8）各控制线有无断线，控制线外包绝缘是否老化。

（9）主机命名正确，操作流程图符合实际要求。

（10）系统各输入模块、多线控制模块指示灯闪烁点亮。

2. 主变压器泡沫装置巡视检查

（1）储液罐外观检查完好，无碰撞变形及其他机械损伤，压力表指示为零。

（2）主变压器 SP 电动阀外观检查完好，表盘为"SHUT 或 10"位置。

（3）启动电磁阀外观检查完好。

（4）氮气启动瓶外观检查完好，铅封应完好，压力表指示为零。

（5）氮气动力瓶外观检查完好，铅封应完好，压力表指示均为零。

（6）安全泄压阀外观检查完好及开闭状态。

（7）降压阀外观检查完好。

（8）灭火喷头外观检查完好，无异物堵塞喷头。

（9）泡沫管路等部件外观检查完好，无锈蚀、断裂现象，外露部分红漆完好，并有流向指示。

（10）火灾探测器外观检查完好。

（11）设施命名正确，安全警示牌、操作流程图符合实际要求。

（12）操作专用工器具、门锁符合消防管理要求。

（13）泡沫液观察上下阀均在关闭状态。

3. 主变压器消防联锁箱巡视检查

（1）所有指示灯全部处于熄灭状态，无报警信息。

（2）连接片、切换开关位置投退正确。

（3）各电源开关均在合上位置。

（二）主变压器泡沫灭火系统维护保养

1. 主变压器消控主机及附件

（1）外观检查：无明显机械损伤，铭牌标志清晰，组件完整、安装牢固，灯光显示正常。

（2）主变压器红外感温探测器模块测试：对监视模块进行短接试验，向火灾报警控制器输出火警信号，并启动探测器报警确认灯，手动复位前予以保持，点位编码正确，测试应100％覆盖（运维人员配合，做好防误喷措施）。

（3）感温电缆：按下测试按钮应向火灾报警控制器输出火警信号，并启动探测器报警确认灯，手动复位前予以保持，点位编码正确，测试应100％覆盖（运维人员配合）。

（4）探测器清洗：两年后每三年对全部探测器进行清洗一次（运维或检修人员配合）。

（5）主变压器红外感温探测器测试：应能在试验热源作用下动作，向火灾报警控制器输出火警信号（即主变压器火灾输入模块动作灯亮），手动复位前予以保持，点位编码正确，测试应100％覆盖（运维人员配合，做好防误喷措施）。

（6）主变压器感温电缆更换：根据制造商使用年限对主变压器感温电缆进行更换一次。（运维或检修人员配合，做好防误喷措施）

2. 合成泡沫储液罐及管道、阀门

（1）泡沫储液罐：外观完好无损，无碰撞变形及其他机械性损伤。

（2）储液罐安全泄放阀：外观完好无损，无碰撞变形及其他机械性损伤。

（3）储液罐压力表：外观完好无损，储液罐压力情况为"0MPa"。

（4）灭火剂有效期：检查灭火剂标签或装置铭牌有效期（一般为3年或5年），如到期应通知运维人员。

（5）灭火剂排放阀：外观完好状况，无碰撞变形及其他机械性损伤。

（6）连接管道阀门：检查所有连接管道阀门完好，且均在开启状态，并悬挂有动合标志。

3. 喷淋管道

（1）管道、管件外观：检查管道无机械损伤和锈蚀，油漆是否脱落，管道固定是否牢固。

（2）管道标识：管道上应标识"××主变压器消防喷淋管"，并标明流向。

（3）管道油漆：对管道、管件进行防腐油漆。

4. 泡沫喷头

（1）外观检查：检查喷头有无损坏、锈蚀、渗漏现象。

（2）维护保养：发现有不正常的喷头应及时更换；应保证喷头外表清洁，必要时进行清洗、油漆或更换。更换或安装喷头均应使用专用扳手（运维或检修人员配合）。

5. 瓶组

（1）启动瓶：外观完好无损，无碰撞变形及其他机械性损伤；铅封完好状况，正常情况下压力表数值为"0MPa"。

（2）动力瓶组：外观完好无损，无碰撞变形及其他机械性损伤；铅封完好状况，所有瓶组正常情况下压力表数值均为"0MPa"。

（3）减压阀：目测巡检完好，无碰撞变形及其他机械性损伤。

（4）启动瓶压力检测试验：进行压力检测试验，启动瓶压力值不应小于4MPa。

（5）动力瓶组压力检测试验：进行压力检测试验，动力瓶组压力值不应小于8MPa。

（6）启动瓶、动力瓶组检查：各瓶有出厂日期，在使用期限内。

6. 电磁阀、电动阀

（1）启动瓶电磁阀：电磁阀外观正常，电磁阀状态符合当前主变压器喷淋的实际位置。

（2）主变压器电动阀：目测巡检完好，无碰撞变形及其他机械性损伤；各台主变压器电动阀表盘显示为关闭状态（SHUT 或 CLOSE）。

（3）电动阀操作小手柄：检查电动阀操作小手柄是否齐全，固定位置是否合适，取用是否方便。

7. 消防模块箱

（1）外观检查：箱体无锈蚀及明显机械损伤，铭牌标志清晰，组件完整、安装牢固，壳体接地可靠，箱门开启、关闭灵活。户外主变压器消防模块箱防雨、防火、防小动物措施正常。

（2）模块检查：各输入模块、输出模块、多控模块安装牢固，无动作信号，通信正常。

（3）连接片检查：氮气启动瓶电磁阀连接片、各主变压器灭火电动阀压连接片正常方式按入。

8. 主变压器消防联锁箱

外观检查：控制柜面板上面的标识，应清晰易辨，包括电源指示、故障指示、连接片位置、切换开关位置符合运行要求。

9. 喷淋启动试验

（1）联动试验：模拟主变压器报警信号（主变压器消防联锁箱内主变压器开关位置应根据情况同步调整），检测喷淋系统是否正常启动（检测前必须取下启动瓶电磁阀），报警信号响应正确（运维人员配合，做好防误喷措施）。

（2）电动阀开阀试验：观察阀门开启性能和密封性能，以及报警阀各部件的工作状态是否正常（运维人员配合，做好防误喷措施）。

（3）主变压器消防联锁箱：重动箱内各信号传动指示正确（运维人员配合，做好防误喷措施）。

10. 保压试验

（1）泡沫罐体保压试验：验证泡沫液罐体到主变压器（各相）电动阀之间的管道密闭性是否良好。做好安全措施后，用试验氮气瓶或空气增压泵向泡沫液罐体充气加压至 0.5MPa，通过罐体上的压力表观察气体压力。罐体内压力在 15min 内不低于 0.47MPa 即为合格。

（2）电动阀至主变压器本体喷口处管道保压试验：验证主变压器（各相）电动阀到主变压器本体喷头之间的管道密闭性是否良好。做好安全措施后，用试验氮气瓶向喷淋管道充气加压至 0.6MPa，通过试验氮气瓶上的压力表观察气体压力，试验过程中需要注意检查泡沫液灌体压力是否为 0MPa。管道压力在 15min 内不低于 0.5MPa 即为合格。

（3）电动阀至主变压器本体上升管道保压试验：验证主变压器（各相）电动阀到主变压器本体上升泡沫之间的管道密闭性是否良好。做好安全措施后，用试验氮气瓶或空气增压泵向喷淋管道充气加压至 0.6MPa，通过试验氮气瓶上的压力表或空气增压泵观察气体压力，试验过程中需要注意检查泡沫液灌体压力是否为 0MPa。管道压力在 15min 内不低于 0.5MPa 即为合格。

11. 视频探头

（1）外观检查：各主变压器消防视频探头安装牢固、接地正常、设备命名正确，发现图像不清及时处理。

（2）探头清洗：每年对全部视频探头进行清洗一次。

（三）主变压器泡沫灭火系统验收与投运

1. 外观验收

（1）整体外观检查：外观检查应清洁，无锈蚀、漆膜完好，无渗漏现象。

（2）室内泡沫管道检查：所有管道螺栓应紧固，密封应良好，两法兰之间等电位连接线应紧固、齐全。

（3）氮气管道检查：氮气高压软管接头是否可靠拧紧，氮气管路应无漏气。

（4）氮气瓶检查：氮气瓶氮气压力正常。

（5）端子箱电缆检查：各电缆接线应正确，端子排触点接触良好，相关接线盒及出线口密封完好，电缆芯帽应齐全。

（6）感温电缆检查：每台变压器应安装两根独立的感温电缆，安装在变压器上下两层。感温电缆及其固定钢丝绳应完好。

（7）电磁阀检查：电磁阀接线牢固，N_2 启动瓶电磁阀保险卡环完好，防误闭锁插销取下。

（8）主变压器电动阀检查：主变压器电动阀应在关闭状态。

2. 系统联动试验验收

（1）防止装置误动措施：取下 N_2 启动瓶电磁阀，观察顶针动作。试验完成后应恢复。

（2）模拟手动灭火：使用多线控制盘，将钥匙打至手动允许，按下电磁阀启动按钮，现场电磁阀观察动作，30s 左右后按下主变压器电动阀启动按钮，观察主变压器电动阀动作，检查变电站后台及监控信号正确。试验结束后，按下复归按钮。

（3）模拟自动灭火：确认报警控制器处于自动允许状态，将需模拟试验主变压器电动阀出口连接片、主变压器断路器位置投入连接片及启动瓶电磁阀出口连接片放上，模拟主变压器两侧红外探测器同时动作（或感温电缆），将相应主变压器电动阀试验由"停止"切至"工作"位置。观察启动瓶电磁阀动作，30s左右后，观察主变压器电动阀开启，检查变电站后台及监控信号正确。试验结束后按下复归按钮，并将相应主变压器电动阀试验由"工作"切至"停止"位置，相应连接片恢复试验前状态，主变压器电动阀关闭状态。

（4）装置恢复：试验完毕后，报警系统复位后，恢复 N_2 启动瓶电磁阀。

3. 系统投运前准备

（1）机械检查：主变压器电动阀关闭指示到位，手动操作手柄完好；电磁阀机械应急启动按钮保险卡环完好；启动瓶电磁阀安装到位；氮气瓶减压阀连接完好，压力检查正常；泡沫罐底部排空阀无漏液，顶部压力表读数正常；感温电缆固定良好，无明显机械损伤；管道及支架吊架防腐措施完好；N_2 启动瓶电磁阀防误动闭锁插销已拔出。

（2）电气检查：控制器运行正常，无故障或其他异常信号；端子箱内无异物，电缆孔洞防火封堵完好；箱内接线端子排无锈蚀；户外箱体防潮密封及接地良好；火灾报警控制器复位后正常。

（四）主变压器泡沫灭火系统异常处理

1. 主变压器消防总告（报）警动作

（1）现象：①对应变电站主变压器消防总告（报）警信号光字牌亮。②主变压器消控主机上"火警"灯亮、显示火警部位、声响发出。

（2）处理原则：

1）主变压器消防总报警信号动作时，通过视频（主变压器及安防）观察判断，同时派人前往现场确认是否有火情发生。

2）根据主机提的供信息查找出对应主变压器的火情，若确认有火情发生，应根据情况采取灭火措施（遥控操作、手动操作、机械操作）。必要时，拨打119报警。

3）若检查对应主变压器并无火情存在，应将主变压器固定灭火装置改为信号并进行主变压器消控主机复位操作，若按下"复位"键，仍多次重复报警，可判断为该地址码相应回路或装置故障，应立即上报重要缺陷及汇报消防专职，及时维修。

2. 主变压器消控主机的故障分析与处理

主变压器消控主机的故障分析与处理见表4-2。

表 4-2　　　　　　　　　　　主变压器消控主机的故障分析与处理

序号	故障现象	原因	解决方法
1	开机后无显示或显示不正常	(1) 电源不正常 (2) 与液晶屏电缆连接不良	(1) 检查交流 220V 电源 (2) 检查连接电缆
2	开机后显示"主电故障"	(1) 无交流 220V 电源 (2) 主电保险管烧断	(1) 检查并接好电线 (2) 更换主电保险管或电源
3	开机后"备电故障"	(1) 线路连接不良 (2) 蓄电池亏电或损坏	(1) 检查有关接插件 (2) 在交流供电的情况下开机 8h 以上，若仍不能消除故障则更换电池
4	不能正确登记外部设备	(1) 外部设备未接好 (2) 外接设备电缆损坏	(1) 检查并接好 (2) 检查并更换电缆
5	不打印	(1) 实时打印关闭好 (2) 打印机电缆连接不良 (3) 打印机坏	(1) 重新进行设置 (2) 检查并连接好 (3) 更换打印机
6	设备故障	(1) 设备连线断开 (2) 设备终端电阻开路或短路 (3) 该设备损坏	(1) 检查连线 (2) 检测终端电阻状态 (3) 更换设备
7	总线短路故障	总线短路	检查线路
8	系统故障、通信故障	(1) 环境干扰或连线线路故障 (2) 相应部分老化	(1) 检查接地是否良好 (2) 检测通信线路是否良好

3. 主变压器消防装置故障

（1）现象：

1）对应变电站主变压器消防装置故障信号发出。

2）主变压器消控主机故障灯亮、显示故障部位，故障警报音响发出。

（2）处理原则：

1）主变压器消防装置故障动作时，立即派人前往现场检查确认故障信息。

2）当报主电故障时，应确认是否发生主供电源停电。检查主电源的接线、熔断器是否发生断路，备用电源是否已切换。

3）当报备电故障时，应检查备用电池的连接接线。当备用电池连续工作时间超过 8h 后，也可能因电压过低而报备电故障。

4）若系统装置发生异常的声音、光指示、气味等情况时，应立即关闭电源，联系专业人员处理。

4. 泡沫灭火装置压力异常

（1）现象：泡沫灭火装置（启动氮气瓶、动力瓶、泡沫罐）压力表有指示。

（2）处理原则：现场检查泡沫灭火装置氮气瓶压力、灭火药剂容器罐压力是否正常，发现氮气压力低、灭火药剂容器罐压力低，联系专业人员处理。

五、水喷雾灭火系统简介

水喷雾灭火系统是向保护对象喷射高压水雾用于灭火或冷却的一种灭火系统。在大型油浸电力变压器的消防中应用十分广泛，灭火效率高。

水喷雾灭火系统由专用消防水池、消防水泵、管道、雨淋阀组和水雾喷头等组成。为维持灭火系统良好的备用状态，需进行定期试喷。水喷雾灭火系统，须有可靠的水源，并对主变压器进行水雾包覆，还需考虑其对电气设备的安全净距和设备的检修，故管网和喷头布置复杂，也给将来设备和系统检修带来困难。水喷雾灭火系统工作示意图如图 4-15 所示。

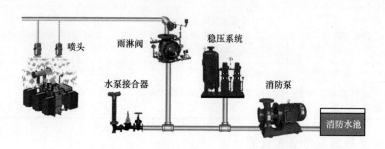

图 4-15　水喷雾灭火系统工作示意图

水喷雾灭火系统以其良好的灭火性能和电绝缘性，是大型油浸电力变压器的主要固定消防形式，得到十分广泛应用。但水喷雾灭火系统受水源、防冻、防锈、防堵等的限制，系统复杂，日常维护量大，泵房水池占地面积大，喷头易被风沙堵塞，费用高等使该系统的应用受到影响。

（1）水喷雾灭火系统可设置在以下场所。

1）可燃油油浸电力变压器室，充可燃油的高压电容器和多油开关室，自备发电机房。

2）单台容量在 40MW 及以上的厂矿企业可燃油油浸电力变压器，单台容量在90MW及以上的可燃油油浸电厂电力变压器，单台容量在125MW及以上的独立变电站可燃油油浸电力变压器。

（2）寒冷地区的供水管网应采取防冻措施。

（3）消防水池的容量，应符合当地实际要求；供消防车取水的消防水池应设取水口或取水井，其设置应符合设计要求；合用水池应采取确保消防用水量不作他用的技术措施；消防水池应有补水措施。

（4）使用的水泵（包括备用泵、稳压泵），铭牌的规格、型号、性能指标应符合设计要求，设备应完整、无损坏；消防水泵设主、备电源，且能自动切换；消防给水系统在主泵停止运行时，备用泵能切换运行；一组消防泵吸水管应单独设置且不应少于两条，当其中一条损坏或检修时，其余吸水管应仍能通过需要的供水量；水泵出水管管径及数量应符合设计要求；水泵出水管上设试验和检查用的压力表、放水阀门和泄压阀，压力表经检验合格并有合格鉴定标签。

第三节　电缆沟、电缆层

电缆沟、电缆层防火封堵是使用防火堵料对电缆的进出口和管道井进行封堵，是预防电缆火灾的发生及阻止火焰延燃、小动物进入、有毒烟雾扩散、潮气进入的有效举措，是变电站消防系统中不可或缺的组成部分。对于电缆竖井及穿墙孔洞必须进行严格封堵，若封堵不严，极易发生小动物进入造成短路，严重时将造成大面积停电，影响电网安全稳定运行。

电缆防火的主要措施有封、堵、涂、隔、包和设置悬挂式气体自动灭火装置等。结合实际可具体采用设防火墙、防火隔板分隔、有机或无机堵料封堵、防火包充填、涂刷防火涂料和悬挂干粉或二氧化碳自爆式灭火器等措施。

（1）电缆沟、电缆层的相应部位应采取防止电缆火灾蔓延的阻燃或分隔措施。

1）电缆从室外进入控制室、配电装置室的入口处、所区围墙处、电缆竖井出入口处、公用主电缆沟道与支道的分支处、长度超过100m的电缆沟（隧）道应设计防火隔墙进行防火分隔。

2）电缆的中间接头和终端部位，电缆通过易燃、易爆、危险品仓库、油箱、油管道以及其他易引发电缆火灾的区域。

3）中央控制室、主机室、配电室的电缆层、电缆通道进出口，布置有电缆的通风廊道等场所，电缆夹层的所有墙洞、楼板孔洞及盘柜底部开孔处均应用防火隔板结合有机堵料封堵严密。电缆竖井零米层以及穿过各层楼板的竖井口，或竖井长度大于7m时，每隔7m应设置防火分隔，并采取防止坠塌的加固措施。

4）在电缆沟、电缆隧（廊）道或斜井的进出口处，交叉、分支处，长距离每隔60～100m处，应进行防火分隔处理。

5）在电缆夹层、电缆隧（廊）道或多层电缆架（桥架）上的动力电缆上下电缆层之间、动力电缆层与控制电缆层之间，宜用防火隔板或防火槽盒作层间分隔。

6）电缆竖井的上下两端口及进出电缆的孔洞。

7）电缆穿楼板孔洞、穿墙孔洞应采用防火封堵材料、防火隔板等防火材料组合封堵，封堵厚度宜与楼板或墙体厚度齐平。

8）电缆进入盘、柜、屏、台的孔应采用防火封堵材料、防火隔板和防火涂料等防火材料组合封堵。洞口一侧电缆宜涂刷防火涂料或缠绕阻燃包带，长度不小于1m。

9）电缆夹层面积大于300m² 应进行防火分隔处理，防火分隔宜采用设阻火段的方法。电缆夹层内的竖井、穿墙、穿楼板孔洞应按要求执行，电缆从桥架引出进入柜盘孔洞应先用有机堵料包裹，空余部位再用其他防火材料充填。

10）室外各类端子箱、电源箱、机构箱电缆引出孔及引入埋管、电缆沟的孔洞应进行防火封堵。

（2）电缆沟、电缆层防火措施的采用。

1）电缆沟道的防火分隔应设计为阻火墙，阻火墙可采用无机堵料灌注，在电缆周边留一定的预留空间，并用有机堵料封堵严密。阻火墙的高度应与电缆沟高度持平，厚度不小于15cm，室外沟道阻火墙底部应设排水管孔。阻火墙两侧各1.5m的电缆应涂防火涂料。

2）凡穿越楼板、墙壁、沟壁的电缆孔、洞应用有机堵料封堵，面积较大的孔洞可采用防火隔板和有机堵料相结合的方法封堵。

3）电缆进入柜、屏、台、箱等的孔洞可采用防火隔板和有机堵料相结合的封堵方法，有机堵料厚度应高于防火隔板2cm，宽度应不小于离电缆束外缘3cm。可能进人的屏、柜底部封堵，为防止坠人事故，防火隔板应选用A型厚板，隔板与屏柜、楼板的搭接处不应小于5cm。

4）电缆竖井的防火分隔层应至少能承重250kg。

5）电缆的设计选型宜采用阻燃型电缆，非阻燃电缆应涂刷防火涂料进行防火处理。

6）电缆防火分隔、封堵措施设计应兼顾防小动物要求，做到严密、牢固、防火、防烟、防水、防潮。

7）电缆夹层及电缆竖井内应悬挂自爆式气体灭火器。

（3）电缆沟、电缆层防火隔板，用于电缆敷设过程中的电缆桥架，将上、下层电缆进行防火分隔的施工，应符合下列规定：

1）安装前应检查隔板外观质量情况，检查产品合格证书；

2）隔板与连接处应有5cm左右搭接，易发生滑动处应用螺栓固定，采用专用垫片。安装的工艺缺口及缝隙较大部位用有机防火堵料封堵严实；

3）用隔板封堵孔洞时应固定牢固，固定方法应符合设计要求。

（4）有机防火堵料的施工。有机防火堵料是以合成树脂作黏接剂，配以防火剂、填料等经碾压而成的材料，具有可塑性和柔韧性，长久不固化，可以切割、搓揉，封堵各种形状的孔洞，施工、维修比较方便。为保证如电缆类贯穿物的散热性，可以使用膨胀型堵料，不必封堵严密。当火灾发生时，堵料膨胀，将缝隙或较小的孔口封堵严密，有效地阻止火灾蔓延和烟气的传播。有机防火堵料施工应符合以下规定：

1）施工时将有机防火堵料密实嵌于需封堵的孔隙中；

2）按设计要求需在电缆周围包裹一层有机防火堵料时，应包裹均匀密实；

3）用隔板与有机堵料配合封堵时，有机堵料应高出隔板2cm，高出部分应为条状或块状布置，宽度大于3cm；

4）阻火墙两侧电缆处，有机防火堵料与无机防火堵料应平整；

5）电缆预留孔和电缆保护管两端口应采用有机堵料封堵严实。堵料嵌入管口的深度不应小于5cm。预留孔封堵应平整。

（5）无机防火堵料施工。无机防火堵料也称速固防火堵料，是以快干水泥为基料，配以防火剂、耐火材料等经研磨、混合均匀而成。该防火堵料无毒、无气味，有较好的耐水、耐油性能，施工方法简单。其氧指数为100，系不燃材料。耐火时间可达3h以上。产品对管道或电线、电缆贯穿孔洞，尤其是较大的孔洞、楼层间孔洞的封堵效果较好。它不仅具有所需的耐火极限，而且还具有较高的机械强度。无机防火堵料施工应符合下列规定：

1）用无机防火堵料构筑阻火墙时，根据阻火墙的设计厚度，采用现浇，应自下而上地浇制。

2）阻火墙应设置在电缆支（托）架处，构筑要牢固；并设电缆预留孔，底部设排水孔洞。（电缆穿墙处的阻火墙，底部不应设排水孔洞）

（6）阻火包施工。阻火包形状如枕头，也叫阻火枕、耐火包。是用不燃或阻燃性布料把耐火材料约束成各种规格的包状体，在施工时可堆砌成各种形态的墙体，对大的孔洞封堵最为适用。它在高温下膨胀和凝固，形成一种隔热、隔烟的密封层，耐火极限可达 3h 以上，起到隔热阻火作用。

阻火包主要应用于电缆隧道和竖井的防火隔墙和隔离层，以及贯穿大孔洞的封堵，制作或撤换均十分方便。施工时应注意管道或电线电缆表皮处需要和有机防火堵料配合使用。

防火包施工应符合下列规定：

1）安装前，将电缆做必要的整理，检查阻火包有无破损，不得使用破损的阻火包。

2）在电缆周围包裹一层有机防火堵料，将阻火包平整地嵌入电缆空隙中，阻火包应交叉堆砌。

3）当电缆复杂、繁多，难以用无机堵料砌阻火墙时，可用阻火包构筑阻火墙，阻火墙底部用砖砌筑支墩，并设有排水孔，同时采取固定措施以防止阻火墙坍塌。

（7）防火涂料施工，应符合下列规定：

1）施工前清除电缆表面的灰尘、油污。涂刷前，将涂料搅拌均匀。若涂料太稠时应严格根据涂料品种添加相应的稀释剂稀释。

2）水平敷设的电缆施工时，宜沿着电缆的走向均匀涂刷，垂直敷设电缆，宜自上而下涂刷。涂刷次数以三次为宜，每次涂刷间隔时间不少于规定时间，厚度应达到 0.8～1.2mm。

3）遇电缆密集或成束敷设时，应逐根涂刷，不得漏涂。

（8）电缆层自爆式干粉灭火装置。变电站电缆层火灾具有蔓延迅速的特点。为了防止变电站电缆层火灾，在电缆层设置自爆式干粉灭火装置，可在无人操作的情况下自动探知火情，自动实施灭火，对电缆层火灾初期表层灭火有很好的控制作用。

1）灭火装置特点：①自爆式干粉灭火装置主要有灭火装置本体、压力巡检装置、电池组件、报警指示灯等组成。②配置感温无电自启动组件，在无电状态下，自动探测环境温度，识别火灾信号，自动启动灭火装置。③灭火装置有效性自检，装置配置压力巡检装置，可自动识别灭火装置内部压力，智能识别灭火装置压力泄漏故障，灭火释放。

2）使用和维护：①自爆式自动灭火装置使用有效期为 5 年。②使用过程中应定期检查灭火装置，若压力指示器指针处于绿色区域，可以安全使用。若发现压力指示器指针处于红色区域，应立即联系维保单位，经检查合格后方能继续使用。③压力巡检装置，智能巡检自动灭火装置具有自动巡检、故障报警、启动报警功能，当灭火装置出现驱动压力不足故障或灭火装置漏压时，压力巡检装置故障指示灯（黄色）闪烁。当灭火装置正常启动时，压力巡检装置上的火警指示灯（红色）闪烁。

（9）电缆防火措施的维护和管理：

1）电缆防火措施维护、管理的责任单位为设备运行、所辖单位。各责任单位应切实履行消防工作"谁主管，谁负责"的管理方针，每季定期开展电缆防火安全检查，及时整改发现的电缆火险隐患。

2）各责任单位负责开展电缆防火安全检查，督促、指导各部门加强电缆防火管理、整改火险隐患，主持落实重大电缆火隐患的整改方案。

3）因工作需要开挖电缆防火封堵，施工方需经设备运行、所辖部门同意，并在施工现场采取必要的防止电缆火灾措施，施工结束后"谁开挖，谁负责复原"，设备运行、所辖单位要仔细检查开挖的电缆封堵是否补封严密且符合工艺要求，未按要求补封不得结束工作。

4）对一些原基建遗留或因大面积改造造成的较大范围防火封堵缺陷，应由设备运行、所属单位及时向安监部处审报改造计划，以便落实专项经费后，请专业施工单位帮助整改。

第四节　高压室、电容器室

一、高压室

1. 重点防火措施

（1）高压室应设立在远离有害气体源、存放腐蚀及易燃易爆物的场所。

（2）高压室应有不少于两个疏散出口。

（3）高压室禁止烟火，进出高压室随手关门、严防鼠害。

（4）高压室开关柜底部及柜与柜之间的孔洞工作结束后应及时封堵，杜绝小动物进出可能。

（5）高压室开关柜顶部泄压通道盖板螺栓的安装应符合要求，从而保证发生事故后柜内高压气体能冲断顶盖的塑料螺栓，达到泄压目的。

（6）高压室空调系统的防火应符合下列规定：

1）设备和管道的保冷、保温宜采用不燃材料，当确有困难时，可采用燃烧产物毒性较小且烟密度等级不大于 50 的难燃材料。防火阀前后各 2.0m、电加热器前后各 0.8m 范围内的管道及其绝热材料均应采用不燃材料。

2）通风管道装设防火阀应符合现行国家标准《建筑设计防火规范》的相关规定。防火阀既要有手动装置，同时要在关键部位装易熔片或风管式感温、感烟装置。

2. 防火检查

（1）运维人员应定期对高压室设备进行巡视及红外测温工作，及时发现设备缺陷等隐患。

（2）巡视设备人员进入高压室，应先听有无异响、闻有无异味，巡视时刻用手触摸高压开关柜面温度是否有异常。

（3）夏季高温，连续阴雨，潮湿天气，应启动风机、空调和除湿器排风、降温、除湿。

（4）巡视设备时，应注意检查电缆沟及开关柜内是否有水雾凝露、潮湿等现象，发现问题及时处理。

二、电容器室

为了提高电力系统的功率因数，补偿无功功率，许多电力用户都安装有电容器。电容器都是充油的，如果电力系统超负荷，温度过高或者电器元件老化等，电容器容易发生爆炸引起火灾，会造成电力系统的停电事故。

1. 重点防火措施

（1）高压油浸式电容器室应采用二级丙类耐火等级的建筑，室内应有良好的自燃通风。若自燃通风不能保证室内温度低于 45℃时，应另设通风装置，并采取防雨、雪和小动物进入的措施。

（2）高压电容器室宜单独设置。1000V以下的低压电容器可设置在高、低压配电室内。

（3）电容器的分层不宜超过三层，下层底部距离地面不应小于100mm，电容器外壳相邻宽面之间至少保持50mm的间距，通道宽度不应小于1m。电容器带电桩头离地低于2.2m时应加适当的遮护设施。

（4）电容器组应有单独的总开关控制，设有自动放电装置和接地装置。每个电容器还应由单独的熔断器加以保护。

（5）电容器投入运行时，室内温度不应超过45℃，电容器表面温度不应超过55℃，并保证室内、设备表面及支架的清洁，应经常检查电容器的运行情况，发现问题，应及时处理和维修，修复后，应进行绝缘测定。

（6）电容器室周围环境不得含有对金属和绝缘有害的侵蚀性气体、蒸汽及尘埃，不得堆积有易燃易爆物品或杂物。

2. 防火检查

（1）观察电容器表面有无损伤、生锈腐蚀、渗漏现象。

（2）观察磁套管有无放电闪络现象，螺栓触点是否牢固，有无松动现象。

（3）检查温升情况，如果室温超过了规定的限度，就要采取通风降温措施。

（4）听电容器运行中有无异常响声，放电指示灯有无烧毁情况。

（5）观察电容器外壳有无膨胀鼓起和漏油现象。

（6）当电容器母线电压超过电容器规定电压的1.1倍或电流超过额定电流的1.3倍以及室温超过40℃时，电容器应该退出运行。

第五节　继电器保护室、蓄电池室

一、继电器保护室

1. 重点防火措施

（1）继电器保护室应设立在远离有害气体源、存放腐蚀及易燃易爆物的场所。

（2）继电器保护室隔墙、顶棚内装饰，应采用难燃或不燃材料。建筑内部装修材料应符合现行国家标准《建筑内部装修设计防火规范》的有关规定，地下变电站宜采用防霉耐潮材料。

（3）继电器保护室应有不少于两个疏散出口。

（4）继电器保护室严禁吸烟，禁止阴火取暖。通信室维修必用的各种溶剂，包括汽油、酒精、丙翻、甲苯等易燃溶剂应采用限量办法，每次带入室内不超过100mL。

（5）严禁将带有易燃、易爆、有毒、有害介质的氢压表、油压表等一次仪表装入继保室。

（6）继电器保护室内使用的测试仪表、电烙铁、吸尘器等用毕后必须及时切断电源，并放到固定的金属架上。

（7）继电器保护室内动力电缆和信号电缆应严格分别敷设，孔洞要用阻燃材料封堵，电缆涂刷防火涂料，检查电缆是否老化或被小动物啃咬，对发热电缆要迅速查明原因，采取预防措施直至更换。凡近期不用的孔洞均应用阻燃材料封堵。

（8）继电器保护室空调系统的防火应符合下列规定：

1）设备和管道的保冷、保温宜采用不燃材料，当确有困难时，可采用燃烧产物毒性较小且烟密度等级不大于 50 的难燃材料。防火阀前后各 2.0m、电加热器前后各 0.8m 范围内的管道及其绝热材料均应采用不燃材料。

2）通风管道装设防火阀应符合现行国家标准《建筑设计防火规范》的相关规定。防火阀既要有手动装置，同时要在关键部位装易熔片或风管式感温、感烟装置。

2. 防火检查

（1）运维人员应定期对继保室设备、电缆进行安全检查和维护，发现线路老化、连接松动，线路及电缆发热温度高，应认真找出原因，及时维修，附件破损应立即更换。

（2）继电器保护室电缆相关工作后应及时检查封堵，严防小动物进入继保室啃咬电缆和设备配线，造成短路事故。

二、蓄电池室

1. 重点防火措施

（1）严禁在蓄电池室内吸烟和将任何火种带入蓄电池室内。蓄电池室门上应有"蓄电池室""严禁烟火"或"火灾危险，严禁火种入内"等标志牌。

（2）蓄电池室采暖宜采用电采暖器，严禁采用明火取暖。若确有困难需采用水采暖时，散热器应选用钢质，管道应采用整体焊接。采暖管道不宜穿越蓄电池室楼板。

（3）蓄电池室每组宜布置在单独的室内，如确有困难，应在每组蓄电池之间设耐火时间为大于 2h 的防火隔断。蓄电池室门应向外开。

（4）酸性蓄电池室内装修应有防酸措施。

（5）容易产生爆炸性气体的蓄电池室内应安装防爆型探测器。

（6）蓄电池室应装有通风装置，通风适应单独设置，不应通向烟道或厂房内的总通风系统。离通风管出口处 10m 内有引爆物质场所时，则通风管的出风口至少应高出该建筑物屋顶 2.0m。

（7）蓄电池室应使用防爆型照明和防爆型排风机，开关、熔断器、插座等应装在蓄电池室的外面。蓄电池室的照明线应采用耐酸导线，并用暗线敷设。检修用行灯应采用 12V 防爆灯，其电缆应用绝缘良好的胶质软线。

（8）凡是进出蓄电池室的电缆、电线，在穿墙处应用耐酸瓷管或聚氯乙烯硬管穿线，并在其进出口端用耐酸材料将管口封堵。

（9）当蓄电池室受到外界火势威胁时，应立即停止充电，如充电刚完毕，则应继续开启排风机，抽出室内氢气。

（10）蓄电池室火灾时，应立即停止充电并灭火。

（11）蓄电池室通风装置的电气设备或蓄电池室的空气入口处附近火灾时，应立即切断该设备的电源。

（12）酸性蓄电池室应符合下列要求：

1）严禁在蓄电池室内吸烟和将任何火种带入蓄电池室内。蓄电池室门上应有"蓄电池室""严禁烟火"或"火灾危险，严禁火种入内"等标志牌。

2）蓄电池室采暖宜采用电采暖器，严禁采用明火取暖。若确有困难需采用水采暖时，散热器应选用钢质，管道应采用整体焊接。采暖管道不宜穿越蓄电池室楼板。

3）蓄电池室每组宜布置在单独的室内，如确有困难，应在每组蓄电池之间设耐火时间为大于 2h 的防火隔断。蓄电池室门应向外开。

4）酸性蓄电池室内装修应有防酸措施。

5）容易产生爆炸性气体的蓄电池室内应安装防爆型探测器。

6）蓄电池室应装有通风装置，通风适应单独设置，不应通向烟道或厂房内的总通风系统。离通风管出口处 10m 内有引爆物质场所时，则通风管的出风口至少应高出该建筑物屋顶 2m。

7）蓄电池室应使用防爆型照明和防爆型排风机，开关、熔断器、插座等应装在蓄电池室的外面。蓄电池室的照明线应采用耐酸导线，并用暗线敷设。检修用行灯应采用 12V 防爆灯，其电缆应用绝缘良好的胶质软线。

8）凡是进出蓄电池室的电缆、电线，在穿墙处应用耐酸瓷管或聚氯乙烯硬管穿线，并在其进出口端用耐酸材料将管口封堵。

9）当蓄电池室受到外界火势威胁时，应立即停止充电，如充电刚完毕，则应继续开启排风机，抽出室内氢气。

10）蓄电池室火灾时，应立即停止充电并灭火。

11）蓄电池室通风装置的电气设备或蓄电池室的空气入口处附近火灾时，应立即切断该设备的电源。

（13）其他蓄电池室（阀控式密封铅酸蓄电池室、无氢蓄电池室、锂电池室、纳硫电池、四室等）应符合下列要求：

1）蓄电池室应装有通向室外的有效通风装置，阀控式密封铅酸蓄电池室内的照明、通风设备可不考虑防爆。

2）锂电池、钠硫电池应设置在专用房间内，建筑面积小于 200m^2 时，应设置干粉灭火器和消防砂箱：建筑面积不小于 200m^2 时，宜设置气体灭火系统和自动报警系统。

2. 防火检查

（1）运维人员应定期对蓄电池室设备进行巡视及红外测温工作，及时发现设备缺陷等隐患。

（2）观察蓄电池外壳有无膨胀鼓起、裂纹和漏液现象，蓄电池接线柱端子有无腐蚀现象。

（3）检查蓄电池室温升情况，如果室温超过了规定的限度，就要采取通风降温措施。

第五章　变电站内现场作业防火要求

第一节　概　　述

变电站内现场工作都应严格遵守相应的防火要求，应执行动火作业制度。动火作业，是指在禁火区进行焊接与切割作业及在易燃易爆场所使用喷灯、电钻、砂轮等进行可能产生火焰、火花和炽热表面的临时性作业。

本章主要介绍了变电站动火工作要求和变电站内各种作业防火要求。

第二节　变电站动火工作要求

一、动火级别及原则

根据火灾危险性、发生火灾损失、影响等因数将动火级别分为动火区和禁火区。

动火工作须掌握的原则：

（1）有条件拆下的构件，如油管、法兰等应拆下来移至安全场所。

（2）可以采用不动火的方法代替而同样达到效果时，尽量采用代替的方法处理。

（3）尽可能地把动火的时间和范围压缩到最低限度。

1. 动火区

在变电站非生产区域，根据火灾的危险程度和生产、维修、建设等工作需要，经使用单位提出申请，公司安监部门登记，可以划定固定动火区。

固定动火区是指允许正常使用电气焊（割）及其他动火工具从事检修、加工设备及零部件的区域。在固定动火区域的动火作业，可不办理动火许可证，但必须满足以下条件：

（1）固定动火区域应设置在易燃易爆区域全年最小频率风向的上风或侧风方向。

（2）距离易燃易爆的厂房、库房、罐区、设备、装置、阴井、排水沟、水封井等不应小于 30m。

（3）室内固定动火区应用实体防火墙与其他部分分隔开，门窗向外开，道路通畅。

（4）生产正常放空或发生事故时，能耐保证可燃气体不会扩散到固定动火区。

（5）固定动火区不准存放任何可燃物及其他杂物，并应配置一定数量的灭火器材。

（6）固定动火区应设置醒目、明显的标志，其标志应包含："固定动火区"的字样；动火区的范围（长×宽）；动火工具、种类；防火责任人；防火安全措施及注意事项；灭火器具的名称、数量等内容。

变电站内的动火区一般为临时设置，故应加强相关条件的检查，相关消防器材的配置。

2. 禁火区

变电站内禁火区分为一级动火、二级动火两个级别。

（1）火灾危险性很大，发生火灾造成后果很严重的部位、场所或设备应为一级动火区。

一级动火区，是指火灾危险性很大，发生火灾时后果很严重的部位或场所。包括油区和油库围墙内；油管道及与油系统相连的设备，油箱（除此之外的部位列为二级动火区域）；易燃、易爆、危险品仓库；变压器等注油设备、蓄电池室（铅酸）；其他火灾危险性及后果严重程度很大的部位或场所。

（2）一级动火区以外的防火重点部位、场所或设备及禁火区域应为二级动火区。

二级动火区，是指一级动火区以外的所有防火重点部位或场所以及禁止明火区。包括油管道支架及支架上的其他管道；动火地点有可能火花飞溅至易燃、易爆物体附近；电缆沟道、竖井、隧道、夹层内；调度室、控制室、开关室、电容器室、通信机房、电子设备间（继保室）、计算机房、档案室；高层建筑内；其他火灾危险性及后果严重程度较大的部位或场所。

二、变电站内禁止动火条件

(1) 油车停靠区域。

(2) 压力容器或管道未泄压前。

(3) 存放易燃易爆物品的容器未清理干净，或未进行有效置换前。

(4) 作业现场附近堆有易燃易爆物品，未作彻底清理或者未采取有效安全措施前。

(5) 风力达五级以上的露天动火作业。

(6) 附近有与明火作业相抵触的工种在作业。

(7) 遇有火险异常情况未查明原因和消除前。

(8) 带电设备未停电前。

(9) 按国家和政府部门有关规定必须禁止动用明火的。

三、动火安全组织措施

(1) 动火作业应落实动火安全组织措施，动火安全组织措施应包括动火工作票、工作许可、监护、间断和终结等措施。

(2) 在一级动火区进行动火作业必须使用一级动火工作票。在二级动火区进行动火作业必须使用二级动火工作票。

(3) 动火工作票应由动火工作负责人填写。动火工作票签发人不准兼任该项工作的工作负责人。动火工作票的审批人、消防监护人不准签发动火工作票。一级动火工作票一般应提前 8h 办理。

(4) 动火工作票至少一式三份。一级动火工作票一份由工作负责人收执，一份由动火执行人收执，另一份由发电单位保存在单位安监部门、电网经营单位保存在动火部门（车间）。二级动火工作票一份由工作负责人收执，一份由动火执行人收执，一份保存在动火部门（车间）。若动火工作与运行有关时，还应增加一份交运行人员收执。

(5) 动火工作票的审批应符合下列要求：

1) 一级动火工作票由申请动火班组的班长或班组技术负责人签发，动火部门（车间）消防管理负责人和安监负责人审核，动火部门（车间）负责人或技术负责人批准，包括填写批准动火时间和签名。必要时应向当地公安消防部门提出申请，在动火作业前到现场进行消防安全检查和指导工作。

2）二级动火工作票由申请动火班组的班长或班组技术负责人签发，动火部门（车间）安监人员审核，动火部门（车间）负责人或技术负责人批准，包括填写批准动火时间和签名。

四、动火安全管理

1. 动火管理

（1）凡使用气焊、电焊及喷灯等进行明火作业时，必须执行动火工作票制度。

（2）在防火重点部位级别分为二级，分别执行一级动火工作票、二级工作票。

（3）电焊间等固定动火场所；在野外对铁塔、水泥杆、接地线需动火时，其下面和四周确无可燃物的空旷地方；土建（新建）工程；可免用动火工作票。

2. 动火工作票审批权限

（1）一级动火工作票。由申请动火班组班长或班组技术负责人签发，动火部门（车间）消防管理负责人和安监负责人审核，动火部门（车间）负责人或技术负责人批准，包括填写批准动火时间和签名。必要时应向当地公安机关消防部门提出申请，在动火作业前到现场进行消防安全检查和指导工作。

（2）二级动火工作票由申请动火班组班长或班组技术负责人签发，动火部门（车间）安监人员审核，动火部门（车间）负责人或技术负责人批准，包括填写批准动火时间和签名。

3. 动火工作票资格

（1）动火工作票的签发人应考试合格，并经单位分管领导或总工程师批准并书面公布。动火执行人应具备有关部门颁发的合格证（如焊接工作应持有上岗证）。

（2）外单位（包括系统内的）在公司禁火区域动火工作时，应由负责该项工作的我公司工作负责人按动火等级及有关规定履行动火工作票制度。外单位的动火工作票签发人、执行人应报公司安监部审批同意，方可担任动火工作。

（3）动火工作票管理。

1）动火工作票应按工作票同等考核。

2）动火工作票不得代替设备停役手续或检修工作票。

3）动火工作在间断或终结时清理现场，认真检查和消除残留火种，并清扫现场，做到工完场清。

4）动火工作票延期时必须重新履行动火工作票制度。

5）动火工作票签发人不得兼任该项工作的工作负责人。

6）动火工作票的审批人、消防监护人不得签发动火工作票。

7）动火工作负责人可以填写动火工作票。

8）动火工作负责人或工作班负责人可以兼任动火工作的消防监护人。

9）现场消防监护人不得同时监护不同区域、部位的动火工作。

10）在从事变电站电气设备区的动火工作时（无人值班），必须通知集控站派人到现场，履行许可手续后方可进行动火工作。

（4）动火工作票内容及票面填写。

1）"动火部门""班组"是指负责动火工作的部门和班组。

2）"动火工作内容"，主要是指动火点的动火内容，如连接、切割、安装、修补等。"示意图"主要把动火点四周或上下及左右的设备和环境情况表示出来。

3）"运行应采取的安全措施"，凡动火与运行有关或危及安全的要填写安全措施；如动火点与运行设备及设备四周环境没有关系的，可在"运行应采取的安全措施"栏写上不涉及或无关系。

4）"检修应采取的安全措施"，如动火点属检修工作票内容的，填入原工作票编号。

5）动火工作票要用钢笔或圆珠笔填写，应正确清楚，不得任意涂改。如有个别错、漏字需要修改时，应字迹清楚，位置正确。

6）动火工作票至少一式二份，一份由工作负责人收执，一份由动火执行人收执。动火工作终结后应将这二份工作票交还给动火工作票签发人。

7）一级动火工作票应有一份保存在公司安监部。若动火工作与运行有关时，还应多一份交运行人员收执。

（5）动火工作票的监督考核。

1）动火工作票考核以纸质的动火工作票为准。相关部门应将纸质动火工作票妥善保存，保存期为一年，并按年保存。

2）动火工作票填写和执行不符合《国家电网公司电力安全工作规程（变电部分）》（以下简称《安规》）及本办法有关要求且未造成火灾或火警事故，根据《违章处罚及离岗培训管理实施细则》的规定对相关责任人进行考核。

3）动火工作票填写和执行不符合《安规》及本办法有关要求且造成火灾或火警事故，根据公司《安全生产工作奖惩实施细则》的规定对相关责任人进行考核，造成严重后果的依法追究相关责任人行政直至刑事责任。

4）动火工作票考核坚持部门"自查自考"为主的原则，应按工作票同等考核。由各部门根据《安规》及本办法有关要求制定具体的考核细则。公司对动火工作票考核进行动态监督检查，如发现部门"自查自考"不严，公司将追究部门管理责任，并作为公司对部门季度绩效考核和年终考核的依据之一。

（6）动火工作相关人员职责。

1）各级审批人员及工作票签发人主要安全责任应包括下列内容：①审查工作的必要性和安全性。②审查申请工作时间的合理性。③审查工作票上所列安全措施正确、完备。④审查工作负责人、动火执行人符合要求。⑤指定专人测定动火部位或现场可燃性、易爆气体含量或粉尘浓度符合安全要求。

2）工作负责人主要安全责任应包括下列内容：①正确安全地组织动火工作。②确认动火安全措施正确、完备，符合现场实际条件，必要时进行补充。③核实动火执行人持允许进行焊接与热切割作业的有效证件，督促其在动火工作票上签名。④向有关人员布置动火工作，交待危险因素、防火和灭火措施。⑤始终监督现场动火工作。⑥办理动火工作票开工和终结手续。⑦动火工作间断、终结时检查现场无残留火种。

3）运行许可人主要安全责任应包括下列内容：①核实动火工作时间、部位。②工作票所列有关安全措施正确、完备，符合现场条件。③动火设备与运行设备确已隔绝，完成相应安全措施。④向工作负责人交待运行所做的安全措施。

4）消防监护人主要安全责任应包括下列内容：①动火现场配备必要、足够、有效的消防设施、器材。②检查现场防火和灭火措施正确、完备。③动火部位或现场可燃性、易爆气体含量或粉尘浓度符合安全要求。④始终监督现场动火作业，发现违章立即制止，发现起火及时扑救。⑤动火工作间断、终结时检查现场无残留火种。

5）动火执行人主要安全责任应包括下列内容：①在动火前必须收到经审核

批准且允许动火的动火工作票。②核实动火时间、动火部位。③做好动火现场及本工种要求做好的防火措施。④全面了解动火工作任务和要求，在规定的时间、范围内进行动火作业。⑤发现不能保证动火安全时应停止动火，并报告部门（车间）领导。⑥动火工作间断、终结时清理并检查现场无残留火种。

6) 一、二级动火工作票的签发人、工作负责人应进行本规程等制度的培训，并经考试合格。动火工作票签发人由单位分管领导或总工程师批准，动火工作负责人由部门（车间）领导批准。动火执行人必须持政府有关部门颁发的允许电焊与热切割作业的有效证件。

7) 动火工作票应用钢笔或圆珠笔填写，内容应正确清晰，不应任意涂改，如有个别错、漏字需要修改，应字迹清楚，并经签发人审核签字确认。

8) 非本单位人员到生产区域内动火工作时，动火工作票由本单位签发和审批。承发包工程中，动火工作票可实行双方签发形式。

9) 一级动火工作票的有效期为 24h（1 天），二级动火工作票的有效期为 120h（5 天）。必须在批准的有效期内进行动火工作，需延期时应重新办理动火工作票。

10) 各级人员在发现防火安全措施不完善不正确时，或在动火工作中发现有危险或违反有关规定时，均有权立即停止动火工作，并报上级防火负责人。

4. 动火的现场监护

(1) 一级动火工作在首次动火时，各级审批人和动火工作票签发人均应到现场检查防火安全措施是否正确完备，测定可燃气体、易燃液体的可燃蒸汽含量或粉尘浓度是否合格，并在监护下作明火试验，确无问题后方可动火作业。动火时，动火部门负责人或技术负责人、消防队员应始终在现场监护。

(2) 二级动火前，必须将室内（或容器内）易燃易爆等挥发性气体排除干净（电缆沟内油渍擦干净），确无问题后，才准动火工作。动火现场必须有专人监护，并配备足够的消防器材，消防监护人、工作负责人必须始终在现场监护。

(3) 消防监护人应由本单位专职消防员或志愿消防员担任。

五、动火技术

1. 动火技术措施

(1) 动火作业应落实动火安全技术措施，动火安全技术措施应包括对管道、设备、容器等的隔离、封堵、拆除、阀门上锁、挂牌、清洗、置换、通风、停电及检测可燃性、易爆气体含量或粉尘浓度等措施。

(2) 凡对存有或存放过易燃易爆物品的容器、设备、管道或场所进行动火作业，在动火前应将其与生产系统可靠隔离、封堵或拆除，与生产系统直接相连的阀门应上锁挂牌，并进行清洗、置换，经检测可燃性、易爆气体含量或粉尘浓度合格后，方可动火作业。

(3) 动火点与易燃易爆物容器、设备、管道等相连的，应与其可靠隔离、封堵或拆除，与动火点直接相连的阀门应上锁挂牌，检测动火点可燃气体含量应合格。

(4) 在易燃易爆物品周围进行动火作业，应保持足够的安全距离，确保通排风良好，使可能泄漏的气体能顺畅排走，如有必要，应检测动火场所可燃气体含量应合格。

(5) 在可能转动或来电的设备上进行动火作业，应事先做好停电、隔离等确保安全的措施。

(6) 处于运行状态的生产区域或危险区域，凡能拆移的动火部件，应拆移到安全地点动火。

(7) 动火前可燃性、易爆气体含量或粉尘浓度检测的时间距动火作业开始时间不应超过 2.0h。可将检测可燃性、易爆气体含量或粉尘浓度含量的设备放置在动火作业现场进行实时监测。

(8) 一级动火作业过程中，应每间隔 2~4h 检测动火现场可燃性、易爆气体含量或粉尘浓度是否合格，当发现不合格或异常升高时应立即停止动火，在未查明原因或排除险情前不得重新动火。

(9) 用于检测气体或粉尘浓度的检测仪应在校验有效期内，并在每次使用前与其他同类型检测仪进行比对检查，以确定其处于完好状态。

(10) 气体或粉尘浓度检测的部位和所采集的样品应具有代表性，必要时分析的样品应留存到动火结束。

2. 一般动火安全措施

(1) 动火作业前应清除动火现场、周围及上、下方的易燃易爆物品。

(2) 高处动火应采取防止火花溅落措施，并应在火花可能溅落的部位安排监护人。

（3）动火作业现场应配备足够、适用、有效的灭火设施、器材。

（4）必要时应辨识危害因素，进行风险评估，编制安全工作方案，及火灾现场处置预案。

（5）各级人员发现动火现场消防安全措施不完善、不正确，或在动火工作过程中发现有危险或有违反规定现象时，应立即阻止动火工作，并报告消防管理或安监部门。

3. 动火作业间断要求

（1）动火作业间断，动火执行人、监护人离开前，应清理现场，消除残留火种。

（2）动火执行人、监护人同时离开作业现场，间断时间超过 30min，继续动火前，动火执行人、监护人应重新确认安全条件。

（3）一级动火作业，间断时间超过 2h，继续动火前，应重新测定可燃性、易爆气体含量或粉尘浓度，合格后方可重新动火。

（4）一级、二级动火作业，在次日动火前必须重新测定可燃性、易爆气体含量或粉尘浓度，合格后方可重新动火。

4. 动火作业终结要求

（1）动火作业完毕，动火执行人、消防监护人、动火工作负责人应检查现场无残留火种等，确认安全后，在动火工作票上填明动火工作结束时间，经各方签名，盖"已终结"印章，动火工作告终结。若动火工作经运行许可的，则运行许可人也要参与现场检查和结束签字。

（2）动火作业终结后工作负责人、动火执行人的动火工作票应交给动火工作票签发人。发电单位一级动火一份留存班组，一份交单位安监部门；二级动火一份留存班组，一份交动火部门（车间）。电网经营单位一份留存班组，一份交动火部门（车间）。动火工作票保存 1 年。

第三节　变电站内各种作业防火要求

一、动火作业安全防火要求

（1）有条件拆下的构件，如油管、阀门等应拆下来移至安全场所。

（2）可以采用不动火的方法代替而同样能够达到效果时，尽量采用替代的方法处理。

（3）尽可能地把动火时间和范围压缩到最低限度。

（4）凡盛有或盛过易燃易爆等化学危险物品的容器、设备、管道等生产、储存装置，在动火作业前应将其与生产系统彻底隔离，并进行清洗置换，经分析合格后，方可动火作业。

（5）动火作业应有专人监护，动火作业前应清除动火现场及周围的易燃物品，或采取其他有效的安全防火措施，配备足够适用的消防器材。

（6）动火作业现场的通排风要良好，以保证泄漏的气体能顺畅排走。

（7）动火作业间断或终结后，应清理现场，确认无残留火种后，方可离开。

二、焊接、切割等工作的防火要求

（1）不准在带有压力（液体压力或气体压力）的设备上或带电的设备上进行焊接。在特殊情况下需在带压和带电的设备上进行焊接时，应采取安全措施，并经本单位分管生产的领导（总工程师）批准。对承重构架进行焊接，应经过有关技术部门的许可。

（2）禁止在油漆未干的结构或其他物体上进行焊接。

（3）在重点防火部位和存放易燃易爆场所附近及存有易燃物品的容器上使用电、气焊时，应严格执行动火工作的有关规定，按有关规定填用动火工作票，备有必要的消防器材。

（4）在风力超过 5 级及下雨雪时，不可露天进行焊接或切割工作。如必须进行时，应采取防风、防雨雪的措施。

（5）电焊机的外壳必须可靠接地，接地电阻不得大于 4Ω。

（6）气瓶的存储应符合国家有关规定。

（7）气瓶搬运应使用专门的抬架或手推车。

（8）用汽车运输气瓶时，气瓶不准顺车厢纵向放置，应横向放置并可靠固定。气瓶押运人员应坐在司机驾驶室内，不准坐在车厢内。

（9）禁止把氧气瓶及乙炔气瓶放在一起运送，也不准与易燃物品或装有可燃气体的容器一起运送。

（10）氧气瓶内的压力降到 0.2MPa，不准再使用。用过的瓶上应写明

"空瓶"。

（11）使用中的氧气瓶和乙炔气瓶应垂直放置并固定起来，氧气瓶和乙炔气瓶的距离不得小于 5m，气瓶的放置地点不准靠近热源，应距明火 10m 以外。

三、电力电缆工作的防火要求

（1）使用携带型火炉或喷灯时，火焰与带电部分的距离：电压在 10kV 及以下者，不得小于 1.5m；电压在 10kV 以上者，不得小于 3m。不得在带电导线、带电设备、变压器、油断路器（开关）附近以及在电缆夹层、隧道、沟洞内对火炉或喷灯加油及点火。在电缆沟盖板上或旁边进行动火工作时需采取必要的防火措施。

（2）制作环氧树脂电缆头和调配环氧树脂工作过程中，应采取有效的防毒和防火措施。

（3）电缆施工完成后对电缆涂料、堵料的要求，这是防止扩大电缆火灾的重要环节。

（4）在已完成电缆防火措施的电缆孔洞等处新敷设或拆除电缆后，未及时重新做防火封堵措施，这种问题比较常见，也是造成火灾事故扩大的重要原因。本条强调必须及时重新做相应的防火措施，而且应从制度、流程、监督环节加以控制。这些措施主要防止电缆过热损坏绝缘，甚至造成电缆起火。

（5）电缆夹层、隧道、竖井、电缆沟内应保持清洁，防止火种管理不当而引燃其中的杂物、易燃物，从而引发电缆火灾。

（6）在对电缆盒灌注绝缘剂时，因其绝缘物的材料都是易燃品，所以整个融化过程必须在电缆的通道外完成。

（7）在多个电缆头并排安装的地点，应在各电缆头之间加装隔板或填充阻燃材料，避免因一个电缆头爆炸波及其余电缆头。

（8）电缆（特别是塑料电缆）失火后，燃烧时会产生氯化氢等有毒的气体，所以在电缆隧道或通风不良的场所灭火时，应戴好正压式消防空气呼吸器。

（9）电力电缆中间接头盒是整个电缆绝缘的薄弱环节，大多数故障都发生在这里，是消防的重点部位，为减缓电缆发生火灾后火势的蔓延，应在电缆中间接头盒的两侧及其邻近区段增加防火带等阻燃措施。对于长度超过 2km 的长距离隧道，隧道的通风区段应设置防火间隔，且间隔距离不应超过 500m。

（10）变电站（生产厂房）内外的电缆，在进入控制室、电缆夹层、控制柜、开关柜等处的电缆孔洞，应用防火材料严密封闭。

四、工作现场进行起重与运输作业时的防火要求

（1）起重机上应备有灭火装置，驾驶室内应铺橡胶绝缘垫，禁止存放易燃物品。

（2）在露天使用的起重机的机身上不得随意安设增加受风面积的设施。其驾驶室内，冬天可装有电气取暖设备，工作人员离开时，应切断电源。不准用煤火炉或电炉取暖。

五、酸性蓄电池室内工作时的防火要求

（1）严禁在蓄电池室内吸烟和将任何火种带入蓄电池室内。蓄电池室门上应有"蓄电池室""严禁烟火"或"火灾危险，严禁火种入内"等标志牌。

（2）蓄电池室采暖宜采用电采暖器，严禁采用明火取暖。若确有困难需采用水采暖时，散热器应选用钢质，管道应采用整体焊接。采暖管道不宜穿越蓄电池室楼板。

（3）蓄电池室每组宜布置在单独的室内，如确有困难，应在每组蓄电池之间设耐火时间为大于 2h 的防火隔断。蓄电池室门应向外开。

（4）酸性蓄电池室内装修应有防酸措施。

（5）容易产生爆炸性气体的蓄电池室内应安装防爆型探测器。

（6）蓄电池室应装有通风装置，通风道应单独设置，不应通向烟道或厂房内的总通风系统。离通风管出口处 10m 内有引爆物质场所时，则通风管的出风口至少应高出该建筑物屋顶 2m。

（7）蓄电池室应使用防爆型照明和防爆型排风机，空气断路器、熔断器、插座等应装在蓄电池室的外面。蓄电池室的照明线应采用耐酸导线，并用暗线敷设。检修用行灯应采用 12V 防爆灯，其电缆应用绝缘良好的胶质软线。

（8）凡是进出蓄电池室的电缆、电线，在穿墙处应用耐酸瓷管或聚氯乙烯硬管穿线，并在其进出口端用耐酸材料将管口封堵。

（9）当蓄电池室受到外界火势威胁时，应立即停止充电，如充电刚完毕，则应继续开启排风机，抽出室内氢气。

（10）蓄电池室火灾时，应立即停止充电并灭火。

（11）蓄电池室通风装置的电气设备或蓄电池室的空气入口处附近火灾时，应立即切断该设备的电源。

六、其他蓄电池室（阀控式密封铅酸蓄电池室、无氢蓄电池室、锂电池室、钠硫电池、UPS 室等）工作时的防火要求

（1）蓄电池室应装有通向室外的有效通风装置，阀控式密封铅酸蓄电池室内的照明、通风设备可不考虑防爆。

（2）锂电池、钠硫电池设置在专用的房间内，建筑面积小于 200m² 时，应设置干粉灭火器或消防砂箱；建筑面积不小于 200m² 时，宜设置气体灭火系统和自动报警系统。

七、控制室、通信室等工作时的防火要求

（1）在控制室、通信室内工作时应事先观察紧急疏散出口，确定火灾发生时的逃生路线。

（2）在各室内工作时，严禁吸烟，禁止明火取暖。计算机维修必用的各种溶剂，包括汽油、酒精、丙酮、甲苯等易燃溶剂应采用限量办法，每次带入室内不超过 100mL。

（3）严禁将带有易燃、易爆、有毒、有害介质的氢压表、油压表等一次仪表装入控制室内。

（4）室内使用的测试仪表、电烙铁吸尘器等用毕后必须及时切断源，并放到固定的金属架上。

八、安装空调系统工作的防火要求

（1）设备和管道的保冷、保温宜采用不燃材料，当确有困难时，可采用燃烧产物毒性较小且烟密度等级小于等于 50 的难燃材料。防火阀前后各 2.0m、电加热器前后各 0.8m 范围内的管道及其绝热材料均应采用不燃材料。

（2）通风管道装设防火阀应符合现行国家标准《建筑设计防火规范》（GB 50016—2018）的相关规定。防火阀既要有手动装置，同时要在关键部位装易熔片或风管式感温、感烟装置。

（3）非生产用空调机在运转时，值班人员不得离开，工作结束时该空调机必须停用。

（4）空调系统应采用闭路联锁装置。

九、易燃易爆物品储存工作的防火要求

（1）易燃易爆物品应存放在特种材料库房，设置"严禁烟火"标志，并有专人负责管理；单位应对从业人员进行安全教育、法制教育和岗位技术培训。从业人员应当接受教育和培训，考核合格后上岗作业；对有资格要求的岗位，应当配备依法取得相应资格的人员。

（2）易燃液体的库房，宜单独设置。当易燃液体与可燃液体储存在同一库房内时，两者之间应设防火墙。

（3）易燃易爆物品不应储存建筑物的地下室、半地下室内。

（4）易燃易爆物品库房应有隔热降温及通风措施，并设置防爆型通风排气装置。

（5）易燃易爆物品库房内严禁使用明火。库房外动用明火作业时，必须执行动火工作制度。

（6）易燃易爆物品进库，必须加强入库检验，若发现品名不符、包装不合格、容器渗漏等问题时，必须立即转移到安全地点或专门的房间内处理。

（7）保管人员离开易燃易爆危险品库房库时，必须拉闸断电。

（8）易燃易爆、剧毒化学危险品必须执行双人收发、双人记账、双人双锁、双人运输、双人使用。领用需经有关部门领导批准。

（9）应根据仓库内储存易燃易爆化学物品的种类、性质，制订现场灭火方案。化学化验室易燃易爆物品应根据储存、使用的规定，制订防火措施和现场灭火预案。

（10）进入易燃易爆物品库房的电瓶车、铲车，必须是防爆型的。

（11）易燃、可燃液体库房应设置防止液体流散的设施。

第六章　变电站消防应急管理与应急处置

第一节　概　　述

为做好变电站消防安全防范工作，建立健全有效的消防应急防范机制，落实消防安全防范工作责任制，部署消防重点部位的安全防范应急机制，防止变电站火灾事故的发生，变电运维应加强消防应急管理工作。此项工作应积极贯彻落实"预防为主、防消结合"的消防工作方针，以"谁主管、谁负责"为原则，提高消防自救能力，遇有火灾事故发生，明确变电站内各类人员的职责和任务，并迅速有效地开展扑救和救助工作，最大限度地减少火灾事故所造成的损失和影响。

变电站应依据有关法律法规、结合变电站实际制订消防应急预案，是变电站发生火灾事故时，组织扑救、救援、事故调查及事故处理所遵循的依据。

为落实"政府统一领导、部门依法监管、单位全面负责、职工积极参与"的安全责任制，应建立"全面、全方位、全过程"的消防安全工作网络体系。各单位应建立消防组织机构，实行逐级消防安全责任制。各级消防组织机构成员需明确自身的责任与义务，在日常工作及火灾事故发生时正确履行自身职责。

本章主要介绍了变电站消防应急管理的相关要求，应急处置原则及一般流程、变电站报警要求、火场逃生与自救（装备等）和一事一卡一流程。

第二节　变电站消防应急管理

变电站应编制相关消防预案，目的是为了快速、有效地处置变电站生产区域火灾，最大限度地减少火灾造成的影响和损失，保障变电站正常生产秩序。

变电运维班应对管辖变电站进行梳理，重点围绕各变电站重点部位火灾处理方案，细化消防设施布置及各站取水方案等，明确火灾事故应急处理人力、物力保障措施。对 220kV 及以上变电站、城市中心站、地下站、户内站、大负荷站、重要用户供电变电站及其他重要变电站，要主动联系属地消防部门共同查勘，建立联动机制，针对性制定措施并联合组织火灾应急演练。

变电站应编制相应的消防预案，预案审查及签批应符合以下条件：

（1）各单位要对编制的变电站消防应急预案组织审查，审查记录应存档，审查通过后应履行签批手续（参照变电站现场运行专用规程要求执行），并在运维班、变电站分别进行存档。

（2）特高压变电站消防应急预案签批后应报国网设备部和属地消防部门备案；220kV 及以上变电站、城市中心站、地下站、户内站、大负荷站、重要用户供电变电站及其他重要变电站的消防应急预案，签批后应报各省（自治区、直辖市）公司设备部和属地消防部门备案；其他变电站报属地消防部门备案。

一、应急处置基本原则

（1）预防为主，防消结合。建立应对火灾的有效机制，开展经常性的防火宣传教育，加强防火基础设施建设，定期组织防火检查、整改和消除各类消防隐患，从源头上预防火灾的发生。

（2）以人为本，减少损失。在处置火灾时，始终把保护人员生命安全放在首位，保障财产和设施的安全，把火灾损失降低到最低程度。

（3）统一领导，分级负责。在火灾事故处置领导小组的统一领导下，尽职尽责，密切协作，协调有序地开展火灾扑救工作。

二、应急指挥机构及职责

（1）变电站火灾事故发生后，各单位安全应急领导小组立即成立火灾事故处置领导小组及其办公室。

（2）火灾事故处置领导小组统一领导火灾事故处置工作。组长由一般由各单位第一负责人（或其授权人员）担任，副组长由各单位相关领导担任，成员由公司相关部门如办公室、发策部、财务部、安监部、运检部、营销部、建设部、审计部、人资部、党群工作部、监察部、物资部、调控中心、运监中心、信通公司、综合服务中心等部门（以下简称"相关部门"）主要负责人组成。

（3）火灾事故处置领导小组职责：

1）研究决定火灾事故处置的决策部署。

2）接受地方政府应急救援指挥机构和上级单位火灾事故处置领导小组的领导。

3）根据处置火灾事故的需要，请求地方政府提供援助。

4）宣布进入和解除火灾事故处置应急响应状态，决定启动、调整和终止事件响应。

5）组织火灾事故的先期处置，统一领导各单位火灾事故人员抢救、伤病救治、人员安抚、事故调查、善后赔偿等工作。

6）负责向地方政府有关部门、上级单位报送火灾事故信息。

（4）火灾事故处置领导小组办公室设在安质部，办公室负责人由部门主要负责人担任，成员由相关部门分管负责人及有关人员组成。

（5）火灾事故处置领导小组办公室职责：

1）落实各单位火灾事故处置领导小组部署的各项工作。

2）负责火灾事故相关信息收集、统计汇总、上报工作。

3）协调开展应急处置工作。

4）根据各单位火灾事故处置领导小组决策，启动、调整和终止事件应急响应。

5）必要时组织披露相关信息。

（6）抢险抢修应急工作组组长由运检部负责人担任，成员根据火灾事故发生部位及造成的影响，分别由运检部等有关部门人员组成。

职责是指导事故发生单位或直接组织实施火灾现场人员救援、公共财物的抢救，协调调控、通信等部门（单位）开展电力设备的抢修或更换。

（7）物资供应应急工作组。组长由物资部（或具备相应的职能部门）负责人担任，成员由物资部、财务部等其他有关部门人员组成。职责是组织应急保障、备品备件等物资供应。

（8）根据需要，由火灾事故处置领导小组申请，经地各单位应急领导小组或应急办公室批准，启动新闻发布、通信保障、交通运输、治安保卫等应急工作组，参加应急处置工作。

三、预防

（1）认真贯彻《中华人民共和国安全生产法》、《中华人民共和国消防法》等有关法律法规，逐级落实消防责任制，落实各项消防措施，强化变电站消防重点部位的消防管理。

（2）配齐备足合格的消防设施和消防器材，建立消防台账，并进行定期维护和更换，保持消防通道的畅通。

（3）加强消防培训和演练，确保员工除满足消防"四懂四会"要求外，同时应了解消防装置的原理和使用方法，熟悉本站消防应急预案及现场处置方案。

（4）增强各级领导和管理人员处置火灾事故的敏感性和忧患意识，防范次生、衍生事件的发生，防止事件升级或影响扩大。

（5）制定针对性的重要场所现场处置方案，每半年组织开展演练，掌握所辖场所、设备火灾处置的流程和方法。

（6）加强与政府综合性消防救援部门的沟通，做好重点变电站消防应急预案的备案工作。不定期邀请其指导本单位消防培训工作并开展联合消防演练，提升变电运维人员与政府综合性消防救援队伍的协同配合能力。

四、应急响应

（一）响应分级

事发单位根据本单位火灾处置应急预案中规定的火灾事故分级确定响应分级，综合考虑变电站重要程度（地下变电站、城市中心站、毗邻密集居民区等重要变电站）、火灾事故可能造成的损失及影响、电压等级等因素。

（二）响应启动

（1）火灾事故发生后，事发部门负责人得到现场火情的汇报后，应立即汇报本单位安全应急办公室，安全应急办公室接到报告后，会同有关职能部门汇总相关信息，分析研判，提出对事故的定级建议，报本单位安全应急领导小组审核后发布。由本单位安全应急领导小组宣布成立火灾事故处置领导小组及其办公室。

（2）火灾事故发生后，事发单位应立即向上级公司安全应急办公室报告。

（三）响应措施

（1）火灾事故处置领导小组根据火灾事故情况，启动相关应急预案，统一指挥做好火灾事故处置工作。相关公司领导、部门负责人赶赴火灾事故现场指导、协调应急处置。

（2）火灾事故处置领导小组办公室启用应急指挥中心，并根据突发事件类型，配合相关应急工作组（部门）启用相关应急预案，开展应急处置。定期收集、整理、汇总突发事件及应急处置工作信息，及时向公司火灾事故处置领导小组汇报。

（3）抢险抢修应急工作组组织实施现场应急处置，向火灾事故处置领导小组办公室及时汇报事故发展情况、应急处置情况。在火灾扑灭后，协助火灾事故的调查处理等善后工作。

（4）应急保障。

1）应急队伍。①在用好变电站外协队伍的同时，要在生产一线职工中组建变电站火灾应急处置队伍。通过加强应急培训和完善应急预案，提高自身的应急处置能力。②建立外部应急救援队伍的协作支援机制。加强与属地政府部门如政府综合性消防救援队伍、公安部门、卫生部门（急救中心）等应急救援队伍的联系，必要时请求应急支援。与设备厂家、技术监督单位、检修单位签订应急救援协议，当发生火灾事件时，由以上单位提供救援协助。

2）应急物资与装备：

① 变电站消防设施及消防器材：一是变电站内应配有火灾自动报警系统及消火栓系统、固定自动灭火系统，消火栓水源如来自市政用水，应定期检查水压正常。如水源来自变电站自建系统，应检查消防水系统，水池内水量是否足够，水压稳定系统是否运行正常。二是变电站内应有消防砂箱、手提式灭火器、推车式灭火器，悬挂式灭火器。三是变电站内应配有正压式呼吸器，防毒面具。

② 现场火灾救援和工程抢险中可能动用的应急装备主要有工程抢修车辆、各类起重设备、各类抢险抢修专用工具、应急照明设备、安全工器具、空气呼吸器、防毒面具、防护服、救护设备、消防设备等。

③ 建立应急物资储备，实现应急物资信息共享，共享信息定期发布，统一调配使用。

④ 生产现场基本的应急装备不完备的，可列入"两措"计划予以购置；大型起重设备、带电作业车、专用设备和工具、防护服等特殊应急装备，应明确应急时外部获取方式，并要保证装备设备到位的及时性。

⑤ 变电站应加强对应急物资和装备的维护及保养，根据配置要求，确保物资、装备充足，并确保应急物资和装备处于良好状态。

3）通信与信息：变电站火灾事故处置领导小组各成员应保持手机 24h 开机，保证应急指挥和现场抢险救援的通信畅通，信息传输及时无误。生产场所重点部位、重点场所醒目处公布火灾报警电话及应急值班电话。

（5）响应调整。根据事件危害程度、救援恢复能力和社会影响等综合因素，按照事件分级标准，决定是否调整应急响应级别。

（6）响应解除。火灾事故处置领导小组待火灾扑灭后，经现场确认没有复燃可能性时，宣布解除应急响应，恢复正常生产秩序。

（四）培训和演练

1. 培训

运维单位应认真组织员工对公司和变电站应急预案的学习和培训。加强对相关人员的技术培训和演练，并通过与消防人员技术交流和研讨等多种方式，提高应急救援能力和水平。消防安全教育培训的内容应符合全国统一的消防安全教育培训大纲的要求，主要包括国家消防工作方针、政策、消防法律法规、火灾预防知识、火灾扑救、人员疏散逃生和自救互救知识，以及其他应当教育培训的内容。

根据本单位特点，建立健全消防安全教育培训制度，明确机构和人员，保障教育培训工作经费。对在岗的员工每年至少进行一次消防安全培训，每半年组织一次消防演练。对新上岗和进入新岗位的员工进行上岗前消防安全培训，经考试合格方能上岗。

2. 演练

（1）规模方式：运维单位按照火灾的类型和要求，采取不同规模和方式的演练。

（2）频次：运维单位每半年至少组织一次专项应急演练，以提高火灾情况下运维人员的协同配合和自我保护能力，增强全员火灾应急处置能力。

（3）范围：预案行动所涉及的有关人员和变电运维班队伍。

（4）内容：演练应急组织、应急指挥、应急响应、应急疏散内容，验证预案的有效性、可行性。

（5）评估：演练组织单位对专项演练进行评估，形成演练评估报告。

3. 应急预案修订审批

变电站消防应急预案经批准后应报各单位主管部门和当地消防管理部门备案。根据应急救援相关法律法规的制订和修订，以及管理体制变化，根据实际情况对本预案适时进行补充、完善

（五）应急事故管理

1. 资料收集

抢险抢修应急工作组负责收集火灾发生前、灭火过程中的相关影像资料，以

及灭火行动后的现场照片；根据消防管理部门要求，做好火灾现场保护工作；清点灭火行动中使用的消防器材，梳理需补充的消防器材清单等工作。

2. 调查与评估

（1）对特别重大、重大，以及影响范围较大的火灾事件，接受各省电力有限公司及国家电网有限公司的内部调查与评估。

（2）参与并配合各单位安全应急领导小组对事件的起因、性质、影响、经验教训和恢复重建等问题进行调查评估。

（3）电网设备火灾事故调查结束后，应及时向上级单位上报事故调查处理报告，及时对发生火灾事件的应急处置工作进行总结，提出加强和改进同类事件应急工作的建议和意见。

3. 技术储备与保障

（1）结合火灾事件类型和规律，同时结合每个站的特殊情况，制定并落实预防性措施，限制火灾事件影响范围及防止事件扩大的紧急控制措施，以及减少火灾事件损失并尽快恢复正常秩序的恢复控制措施。

（2）注意收集国内外各种类型生产区域火灾应急救援的实战案例，分析实战中的得失，认真吸取有关经验和教训，开展事故预测、预防、预警和应急处置技术研究，加强技术储备。

（3）各单位后勤保障部门负责火灾处置期间的后勤保障。

第三节　变电站消防应急处置

一、变电站火灾应急处置一般流程

（1）运维班当班人员，在接到调控中心火情通知后，应优先通过变电站视频监控系统等手段进行远方确认后立即拨打119火灾报警电话（若变电站有保安人员，发现站内有火情，应立即拨打119火灾报警电话，同时汇报运维人员）。运维人员确认着火设备后汇报调控中心，由调控人员遥控断开着火设备电源，并向有关领导进行火情信息汇报。若无法远方确认，需迅速赶至现场查看，确认火情。

（2）针对城市地下变电站、城市中心站、毗邻密集居民区变电站，考虑其火灾危害的严重性，调控中心应提前制定该类变电站的负荷转移预案，在发生火情后，确保重要用户可靠供电。事发单位火灾事故处置领导小组还应启动与政府相关部门的应急联动机制，协同开展灭火处置、人员疏散、伤亡救治等工作，将火灾的危害、社会影响降到最低。

（3）携带合格齐备的正压式呼吸器及个人防护用品赶赴事发现场。

（4）通知消防技术服务机构、物业人员等相关外协单位携带必要的器具赶往事发现场协助处置。

（5）运维人员到达现场后，应按照"火灾报警主机—查明着火点—固定灭火装置启动情况（主变压器起火）—报警及汇报相关人员—隔离操作—组织灭火"的流程开展消防应急处置工作。

（6）现场确认火情后，拨打119火灾报警电话，并向当值调控人员、有关领导做详细汇报。

（7）报警时应详细准确提供如下信息：

1）火灾地点：××区（××县）××村××站（××××附近）。

2）火势情况，着火的设备类型。

3）燃烧物和大约数量、范围。

4）消防车类型及补水车等需求。

5）报警人姓名和电话号码。

6）政府综合消防救援部门需要了解的其他情况。

（8）按照当值调控人员指令停电隔离着火设备及受威胁的相邻设备，必要时可先停电隔离再汇报。

（9）运维人员根据现场火情在已完成停电隔离并做好个人安全防护后，可使用消防砂、灭火器等消防器材开展初期火灾扑救，扑救时应密切关注风向及火势发展情况。

（10）根据现场火情，通知相关单位携增援装备赴现场。

（11）设立安全围栏（网），明确实施灭火行动的区域。

（12）若火势无法控制，现场负责人应组织人员撤至安全区域，防止设备爆炸、建筑倒塌等次生灾害。

（13）现场运维人员引导政府综合性消防救援队伍进入现场，交待着火设备现状和运行设备状况，并协助其开展灭火工作。

（14）在政府综合性消防救援队指挥下，现场运维人员组织消防技术服务机构、物业人员设立警戒线，划定管制区，阻止无关人员进入。

（15）未配置变压器固定自动灭火系统的变电站，按照当值调控人员指令停电隔离着火设备及受威胁的相邻设备，必要时可先停电隔离再汇报。现场运维人员待政府综合性消防救援队伍到达火灾现场后，协助开展灭火工作。

（16）按照现场政府综合性消防救援队伍指挥人员的要求开启变电站室内通风装置（事故排烟装置）。

二、变电站重点部位火灾处置方案

1. 变压器火灾处置

（1）变压器火灾危险性。变压器内部一旦发生严重过负荷、短路，可燃的绝缘材料和绝缘油就会受高温或电弧作用分解、膨胀以致气化，使变压器内部的压力急剧增加，造成外壳爆炸，套管破裂，大量的油外泄，使火势蔓延扩大，同时主变压器绝缘材料起火后会产生有毒物质。

（2）预防措施。主变压器安装有线型感温探测器，电缆孔、洞处用电缆防火封堵材料严密封堵，配置变压器固定自动灭火系统，附近配有消火栓、水泵接合器、消防砂箱、消防铲、消防斧、消防桶、灭火器等。

（3）变压器火灾处置流程：

1）配置固定自动灭火系统的变压器。变压器火情确认后，运维人员（保安人员）应立即拨打119火灾报警电话并汇报当值调控人员和有关领导，同时通过视频监控观察变压器固定自动灭火系统是否启动。若未自动启动，运维人员在到达现场并确认变压器各侧开关已断开后，在火灾报警控制器（联动单元）手动启动变压器固定自动灭火系统。若远方手动启动不成功，运维人员在确保人身安全的前提下并做好个人安全防护后，可在装置现场应急机械启动。运维人员应根据现场火情提前完成着火变压器停电隔离及安全措施布置工作，待政府综合性消防救援队伍到达现场后，立即与救援队伍负责人取得联系并交代着火设备现状和设备运行状况，然后协助政府综合性消防救援队伍灭火，必要时向调控部门申请将该变压器附近电力设备停电。

2）未配置固定自动灭火系统的变压器。变压器火情确认后，运维人员（保安人员）应立即拨打119火灾报警电话并汇报当值调控人员和有关领导。运维人员应根据现场火情提前完成着火变压器停电隔离及安全措施布置工作，待政府综合性消防救援队伍到达现场后，立即与救援队伍负责人取得联系并交代着火设备现状和设备运行状况，然后协助政府综合性消防救援队伍灭火，必要时向调控部门申请将该变压器附近电力设备停电。

充油电抗器发生火情时，运维人员可按上述方法进行应急处置。

2. 开关室火灾处置

（1）开关室火灾危险性。开关柜着火主要由开关触头发热、绝缘性能下降、柜内元器件质量不良等原因导致柜内温度过高发生火灾，易引燃相邻开关柜及连接电缆，促使火势扩展蔓延，并产生大量有毒烟尘，易造成人员中毒、窒息。

（2）预防措施。开关室内安装有感烟、感温探测器，电缆孔、洞处用电缆防火封堵材料严密封堵，配有手提式灭火器。

（3）开关室设备火灾处置流程。开关室火情确认后，运维人员（保安人员）应立即拨打 119 火灾报警电话并汇报当值调控人员和有关领导。运维人员现场确认电源侧开关、有电源倒送的线路开关已断开后，按照调控中心指令开展负荷转移工作。运维人员应根据现场火情提前完成相关设备停电隔离及安全措施布置工作，待政府综合性消防救援队伍到达现场后，立即与救援队伍负责人取得联系并交代着火设备现状和设备运行状况（室内 SF_6 气体含量情况），然后协助政府综合性消防救援队伍灭火。

3. 电容器室火灾处置

（1）电容器室火灾危险性。室内电容器通风不良、绝缘受潮、过电压以及其他自身故障引起的起火，易造成电容器爆炸，燃烧的油流会进一步扩大火灾危害，当电容器的绝缘材料起火后会产生有毒物质。

（2）预防措施。电容器室内安装有感烟、感温探测器，电缆孔、洞处用电缆防火封堵材料严密封堵，附近配有消火栓、手提式灭火器、手推式灭火器。

（3）电容器室火灾处置流程。电容器室火情确认后，运维人员（保安人员）应立即拨打 119 火灾报警电话并汇报当值调控人员和有关领导。运维人员到达现场确认电容器开关已断开后，还应通知调控人员将其 AVC、VQC 等自动电压无功控制系统封锁。运维人员应根据现场火情提前完成相关设备停电隔离及安全措施布置工作，待政府综合性消防救援队伍到达现场后，立即与救援队伍负责人取得联系并交代着火设备现状和设备运行状况，然后协助政府综合性消防救援队伍灭火。

4. 室内接地变压器火灾处置

（1）室内接地变压器火灾危险性。室内接地变压器通风不良、绝缘受潮、匝间绝缘老化及其自身故障引起的起火，易造成接地变压器爆炸，当接地变压器的绝缘材料起火后会产生有毒物质。

（2）预防措施。接地变压器室安装有感烟、感温探测器，电缆孔、洞处用电缆防火封堵材料严密封堵，附近有消火栓、手提式灭火器、手推式灭火器。

（3）室内接地变压器火灾处置流程。室内接地变压器火情确认后，运维人员（保安人员）应立即拨打 119 火灾报警电话并汇报当值调控人员和有关领导。运维人员现场确认接地变压器开关已断开后，还应检查所用电负荷切换情况，如切换不成功则进行手动切换。运维人员应根据现场火情提前完成相关设备停电隔离及安全措施布置工作，待政府综合性消防救援队伍到达现场后，立即与救援队伍负责人取得联系并交代着火设备现状和设备运行状况，然后协助政府综合性消防救援队伍灭火。

5. 蓄电池室设备火灾处置

（1）蓄电池室设备火灾危险性。室内运行环境不良、电池短路内部电流过大、电池大量漏酸及其自身故障引起的起火，蓄电池组有爆炸的危险性。

（2）预防措施。蓄电池室内安装有感烟、感温探测器，蓄电池室门外配有手提式灭火器。

（3）蓄电池室设备火灾处置流程：蓄电池室火情确认后，运维人员（保安人员）应立即拨打 119 火灾报警电话并汇报当值调控人员和有关领导。运维人员应根据现场火情提前完成相关设备停电隔离及安全措施布置工作，待政府综合性消防救援队伍到达现场后，立即与救援队伍负责人取得联系并交代着火设备现状和设备运行状况，然后协助政府综合性消防救援队伍灭火。

6. 室外设备（断路器、电容器、电抗器、消弧线圈等）火灾处置

（1）室外设备火灾危险性。

1）断路器、GIS。断路器触点发热、绝缘性能下降、GIS 内部短路、质量不良等。

2）室外电容器。外部电压过高以及其他自身故障引起的过热起火，易造成电容器爆炸，燃烧的油流会进一步扩大火灾危害，当电容器的绝缘材料起火后会产生有毒物质。

3）干式电抗器。因受潮或绝缘损伤导致内部匝间短路，在发生内部故障的同时，本体会伴随有迅速的温升现象，严重时甚至会烧毁，当干式电抗器绝缘材料起火后会产生有毒物质。

4）消弧线圈。外部电压过高以及其他自身故障引起的过热起火，易造成消弧线圈起火，燃烧的油流动会进一步扩大火灾危害，当消弧线圈的绝缘材料起火后会产生有毒物质。

（2）预防措施。室外设备附近配有消火栓、手提式灭火器、手推式灭火器。

（3）室外设备火灾处置流程。断路器、GIS、干式电抗器、消弧线圈等室外设备火情确认后，运维人员（保安人员）应立即拨打119火灾报警电话并汇报当值调控人员和有关领导。着火设备停电隔离后，运维人员在确保人身安全的前提下并做好个人安全防护可使用现场消防器材灭火。待政府综合性消防救援队伍到达火场后，运维人员立即与政府综合性消防救援队伍负责人取得联系并交代着火设备现状和运行设备状况，然后协助政府综合性消防救援队伍灭火。

7. 电缆夹层、电缆竖井或电缆沟火灾处置

（1）电缆夹层、电缆竖井或电缆沟火灾危险性。电缆夹层、电缆竖井或电缆沟内因存在高低压电缆混沟、电缆中间接头、防火措施不完善等情况，易引发火灾。发生火灾时电缆夹层、电缆竖井或电缆沟内热量和烟气不易散发，温度急剧升高，烟气浓度增大，燃烧会分解出氯化氢等有毒气体，同时起火导致大量电缆短路爆炸，促使火势扩展蔓延，造成大面积停电。

（2）预防措施。电缆层设置防火分区，配置悬挂式灭火器。电缆层、电缆沟每60m处、丁字口、拐弯处、各小室电缆进出口处分别设电缆封堵防火墙，防火墙两侧的电缆表面喷涂长度不小于1.5m，厚度不小于1mm电缆防火涂料。

（3）电缆夹层、电缆竖井或电缆沟火灾处置流程：电缆夹层、电缆竖井或电缆沟火情确认后，运维人员（保安人员）应立即拨打119火灾报警电话并汇报当值调控人员和有关领导。运维人员到达现场后，根据电力电缆敷设路径图迅速对着火电缆进行停电隔离并实时观察现场火情，及时向当值调控人员和有关领导汇报火场动态，等待接受扩大停电范围的操作任务。运维人员应根据现场火情提前完成相关设备停电隔离及安全措施布置工作，待政府综合性消防救援队伍到达现场后，立即与救援队伍负责人取得联系并交代着火设备现状和设备运行状况，然后协助政府综合性消防救援队伍灭火。

8. 保护室（二次设备室）火灾处置

（1）保护室（二次设备室）火灾危险性。保护室着火危险性主要有：保护室组成复杂，设备多；电源、空调等附属设备较多；电源电缆、信号电缆纵横交

错，敷设明少暗多；设备长期连续运行，由于质量问题，或元器件故障等因素，可能会出现绝缘击穿、线路短路、接触点过热，易引燃相邻屏柜及连接电缆，促使火势扩展蔓延。

（2）预防措施。保护室内安装有感烟、感温探测器，配有手提式灭火器；保护室以及屏柜内电缆孔、洞处用电缆防火封堵材料严密封堵。

（3）保护室（二次设备室）火灾处置流程。保护室（二次设备室）发生火灾时，运维人员（保安人员）应立即拨打 119 火灾报警电话并汇报当值调控人员和有关领导，并做好相关一次设备停电的操作准备。运维人员应根据现场火情提前完成相关设备停电隔离及安全措施布置工作，待政府综合性消防救援队伍到达现场后，立即与救援队伍负责人取得联系并交代着火设备现状和设备运行状况，然后协助政府综合性消防救援队伍灭火。

9. 其他特殊区域火灾处置

城市地下变电站、城市中心站、毗邻密集居民区变电站等特殊区域火灾处置可以列在此条。

10. 信息发布

（1）生产区域火灾的信息发布和舆情引导工作由各省电力有限公司统一组织，地市（省检）公司将信息内容上报省电力有限公司，根据事件分级，由省电力有限公司组织对外发布。

（2）发布信息主要包括生产区域火灾的基本情况、采取的应急措施、取得的进展、存在困难以及下一步工作打算等信息。

（3）后期处置恢复与重建。生产区域火灾应急处置工作结束后，积极组织受损电力设施、场所和生产秩序的恢复重建工作。恢复重建工作根据事件分级，由地市（省检）分公司安全应急领导小组组织领导。对于重点部位和特殊区域，可按照"差异化"原则，提出解决建议和意见，按有关规定报批实施。

第四节 火场逃生与自救

火灾是一种不受时间、空间限制，发生频率最高，危害最持久、最剧烈的灾害。为避免在火灾中受害，公众掌握自救互救知识、尽快脱离事故现场、进入安全环境对拯救生命、避免伤亡显得尤为重要。

在相同的处境下，同为火灾所困，有人葬身火海，有人却能死里逃生幸免于难。需要分析和研究如何面对突如其来的火灾威胁，把握绝佳的逃生时机拯救自己，在困境中获得一线生机。面对浓烟毒气和熊熊烈焰，能冷静机智地运用火场自救与逃生知识，是这种特殊情况下的关键。

一、火灾中致死的因素

在以往的火灾中，高层建筑中造成人员伤亡的因素主要有 3 个方面。

（1）起火后的火烧、烟熏、毒气火灾中的烟气内含一氧化碳、二氧化碳、二氧化硫、氨、丙酮等有毒气体。

1）一氧化碳：在空气中含量达 1.3％时，人吸二三口就会失去知觉，3min 就会致死。

2）二氧化碳：在空气中浓度达达 8％～10％时致人死亡。

3）二氧化硫和氨：对眼睛和呼吸道有刺激，妨碍人体活动。

4）氧化氰：则是剧毒气体，几秒就会致人死亡。

据日本火灾统计资料，被烟熏死的人数最高达 78.9％，还有就是先中毒窒息晕倒后被烧死。

此外，在火灾中烟气和燃烧生成的热气体能置换建筑物内的氧气，形成缺氧空间威胁生命。烟气在火灾中蔓延流动速度大大超过人员疏散速度，烟气在垂直方向的流动达 3～4m/s，人在浓烟中最大通行距离为 20～30m。烟雾本身能降低室内能见度，造成受灾人员心里紧张、恐惧，从而丧失自救能力，同时也影响消防人员的扑救工作。

（2）建筑物的倒塌。建筑物倒塌会砸死砸伤疏散避难的人群，造成大量人员伤亡，而且严重影响扑救工作，阻碍疏散通道，造成拥堵踩踏等事故。

（3）盲目逃生。人们面对突如其来的火灾威胁，往往容易造成惊慌失措，做出一些非理智性的举动，很多自救自逃能力差的人不知道是往上跑好，还是往下逃好，也不知道如何使用楼里配置的消火栓、自动报警器等消防设施，从而丧失火灾初期逃生的绝好时机，造成不少人惨死，甚至群死群伤。据消防统计，真正被大火烧死者同被烟雾窒息而死、因惊慌而盲目逃生致死者的比例是 1：4.5。

二、火灾中逃生的 5 种误区

（1）从进来的原路逃生。这是人们最常见的火灾逃生行为。因为一旦发生火灾时，人们总是习惯沿着进来的出入口和楼道进行逃生，当发现原路被封死或堵死时，已失去了最佳的逃生时间和机会。

（2）向光亮处逃生。在发生火灾后，一般会导致断电，如果在晚上更是漆黑一片，在这紧急危险情况之下，人们总是习惯向有光、明亮的方向逃生。殊不知此时火场的光亮之地正是一片火海。

（3）盲目跟着别人逃生。当人的生命突然面临危险状态时，极易因惊慌失措而失去正常的判断思维能力，第一反应就是盲目跟着别人逃生。跳窗、跳楼，逃（躲）进厕所、浴室、门角等就是常见的盲目追随行为。

（4）冒险跳楼逃生。火灾时当选择的逃生路线被大火封死，火势愈来愈大、烟雾愈来愈浓时，有的人就很容易失去理智，铤而走险盲目冒险地跳楼、跳窗等。

（5）从高往低处逃生。特别是高层建筑一旦失火，人们总是习惯性地认为：只有尽快逃到一层，跑到室外。殊不知，盲目朝楼下逃生，可能自投火海。

三、正确的逃生及自救方法

在火灾条件下人员伤亡的原因多数是由于烟气中毒、高热或缺氧，在充满烟气的房间、楼道、楼梯间，如果站起来做一两次呼吸，一氧化碳就会将人窒息。而火场上出现有毒烟气、高热或严重缺氧的时间，由于种种条件的不同而有早有晚，少则 5～6min，多则 10～20min，这是影响安全疏散，决定允许疏散时间的重要因素。

火灾烟气流动的动力源一般有两种：一是烟气温度急剧升高所形成的浮力；二是建筑物内的楼梯间、电梯井、管道井、垃圾井的烟囱效应所产生的热对流。据资料记载，火灾猛烈阶段，烟气水平扩散速度为 0.5～0.8m/s，烟气沿楼梯间垂直扩散速度为 3～4m/s。

发生火灾时，烟气的流动速度远远快于大火的蔓延速度，火场上人被猛火包围时，想尽一切办法防止烟气的侵袭，就必须学会正确的逃生自救方法。

1. 正确的逃生策略

（1）遇到火灾能做到明智安全的逃生，需要平时多了解与掌握一定的消防自救互救的逃生知识，避免事到临头没有正确判断。

（2）一定要沉着冷静，要有良好的心理素质，保持镇静、不要惊慌，用清醒的头脑、镇定自若的态度观察火势，冷静地判明疏散指示标志的指向，再选择正确的逃生方式和方向，不要盲目行动，切不可惊慌失措，乱作一团，盲目地起身逃跑或纵身跳楼。要了解自己所处的环境位置，及时掌握当时火势的大小和蔓延方向，然后根据情况选择逃生方法和逃生路线，并避免拥挤。

2. 正确的选择逃生方法及逃生路线

（1）如果疏散方向的通道上刚刚起火，且疏散通道还保持畅通的，在对疏散通道比较熟悉的情况下，可将衣服、棉被等淋湿披在身上，早下决心果断冲出火海。

（2）如果疏散楼道已经烧断，逃生方向被火封闭，应采取以下方法逃生：

1）充分利用建筑物本身的疏散设施进行逃生，如有利用缓降器、救生袋、消防电梯、逃生滑梯等自救逃生。

2）充分利用阳台、窗户等自然条件攀到周围安全地点自救逃生。

3）充分利用自救绳自救逃生。如有专用自救绳索自救最好，没有绳索时，可利用窗帘，衣服等系在一起作为自救绳，一端系牢后，再顺窗下坠逃离火场。

4）创造避难间避难自救逃生。多数建筑物没有设立避难间，在采取其他各种方法不能逃生的情况下，应自己创造条件，自设避难间逃生。避难间要选择有水源而又利于同外借联系的房间。首先将房间的门、窗全部关闭，然后拿出衣服等可利用的物品，用水浸湿后将门窗蒙严堵实，并不断向上泼水，防止火灾侵入，同时要及时与外界取得联系，寻求外援帮助，求得要逃生。

5）在无路可逃的情况下，要尽量靠近当街窗口或阳台等容易被人看到的地方积极寻找避难处所，如阳台、楼层平顶等，同时向救援人员发出求救信号，如呼唤、向楼下抛掷一些小物品、黑暗中用手电筒往下照等，以便让救援人员及时发现，采取救援措施。

（3）在逃生过程中要防止装修材料燃烧形成的气体中毒，在逃生过程中应用水浇湿毛巾或用衣服捂住口鼻，采用低姿行走，最好弯腰使头部尽量接近地板，必要时匍匐前进，以减小烟气的伤害。

第五节　一事一卡一流程介绍

变电站"一事一卡一流程"指导事故现场快速、准确、有效地开展各类突发事件的现场应急处置，"一事一卡一流程"主要针对电网、设备事故和人身事故的现场应急处置，是应急预案体系的重要组成部分，是现场处置方案在班组的落脚点，是班组在发生突发事件后开展现场应急处置的标准化作业指导书。

"一事"是指预想可能发生的某一具体事件，包括设备故障跳闸、电网系统故障、人身伤害和自然灾害等事件。

"一卡"是指为应对某一事件而预先编制并存放在现场，用以指导现场开展处置工作的一张应急操作卡，必要时可包括附件。

"一流程"是指为应对某一事件而采取的信息报告、现场组织安排、现场应急操作的一个完整的处置流程。

公司系统各单位可因地制宜，从实际情况出发，结合本单位实际，可以参考编制和使用适合于本单位的"一事一卡一流程"。

"一事一卡一流程"在电网方面，是以防变电站全停方案为基础，结合输变电运维和变电检试特点，编制应对可能造成严重后果的输变电设备故障事件的"一事一卡一流程"；在人身方面，要以人身伤亡应急预案为基础，结合火灾、卫生、交通等特点，根据现场实际，结合现场处置方案特点，编制应对可能造成严重后果的自然灾害、人身伤亡、火灾事故等事件的"一事一卡一流程"。

编制"一事一卡一流程"的核心是针对班组作业现场可能发生的各类事件，根据现场处置的一般规则、流程和基本要求，编制便于快速、准确、有效开展事故处置的流程和应急操作卡，明确现场人员在事故处置中的职责，指导现场人员准确、规范和快速有效地进行现场处置。

"一事一卡一流程"的事件分成自然灾害、事故灾难（包括人身、设备和火灾）、公共卫生事件、社会安全事件四大类，分别根据事件特点和可能造成的后果，编制变电运维、变电检试、输电运检人员现场应急处置"一事一卡一流程"。

"一事一卡一流程"进一步丰富了公司应急预案体系，是现场应急处置方案在班组具体执行的落脚点，是班组开展现场应急处置的标准化作业指导书，有利于班组快速、准确、有效地开展突发事件的现场应急处置，提高了应急预案的实用性和可操作性。

下面以绍兴供电公司 220kV 中纺变电站"一事一卡一流程"为例，介绍其中关于变电站发生火灾的处置方案。

一、变电运维人员应对电缆沟火灾现场处置

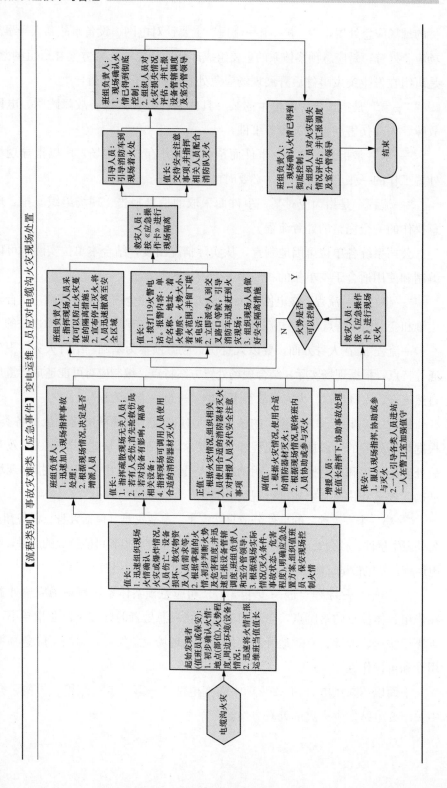

【流程类别】事故灾难类【应急事件】变电运维人员应对电缆沟火灾现场处置

应 急 操 作 卡

应急事件		变电运维人员应对电缆沟火灾现场处置
风险预控措施	1	发现现场有人员受伤时，应先行抢救伤员
	2	灭火时，加强自身防护，避免救火导致人身伤害：中毒、窒息、触电、烫伤等，佩戴个人防护用品时注意检查合格可用
	3	正确使用灭火器，灭火时人员应站在上风口，对准火焰底部进行灭火
	4	救援结束后组织全面检查，确认现场无火灾隐患和建筑物坍塌的隐患
处置步骤		
人员疏散	1	停止着火电缆沟附近所有工作，疏散无关人员
故障隔离	1	查明火因，将故障设备停电：先切断着火电缆电源，重点是动力电缆、高压电缆
火灾可控处置	1	若具备直接灭火条件，起始发现者可自行调动力量，立即去消防箱内选取干粉灭火器进行灭火
	2	若不具备直接灭火条件，先确认相关设备确已停电，再去消防箱内选取干粉灭火器进行灭火
	3	火灾救援过程中动态监控、判断火势和危险性，若火灾难以控制按"火灾不可控处置"进行现场处置
火灾不可控处置	1	尽可能隔离着火电缆沟：在主变压器消防箱内取用砂土，在着火电缆沟蔓延途径前、后段适当位置用砂土进行堵截隔断，并对未过火电缆用水冷却
	2	在着火电缆沟周边设置好警戒线，并挂好标示牌，防止无操作权限人员乱动现场设备
	3	消防队到达现场后，先介绍火灾现场情况，交待火灾附近设备带电情况，与带电设备应保持的安全距离，并配合消防队进行灭火（担任监护职责）

二、变电运维人员应对变压器（电抗器）火灾现场处置

【流程类别】事故灾难类**【应急事件】**变电运维人员应对变压器（电抗器）火灾现场处置

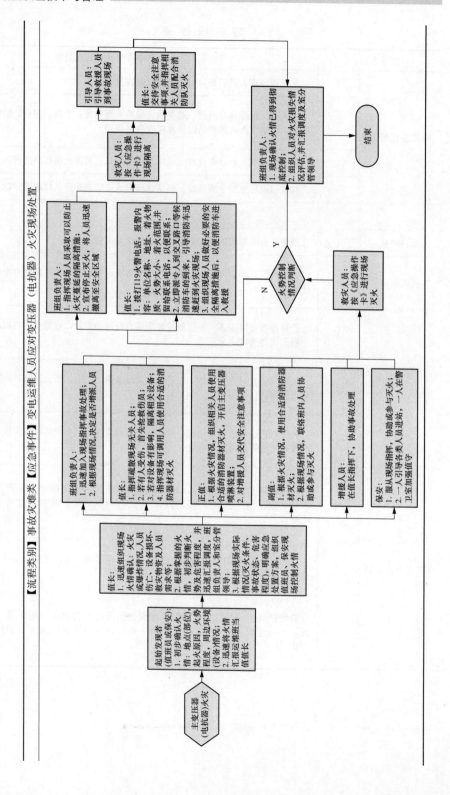

应 急 操 作 卡

应急事件		变电运维人员应对变压器（电抗器）火灾现场处置
风险预控措施	1	发现现场有人员受伤时，应先行抢救伤员
	2	灭火时，加强自身防护，避免救火导致人身伤害：中毒、窒息、触电、烫伤等，佩戴个人防护用品时注意检查合格可用
	3	正确使用灭火器，灭火时人员应站在上风口，对准火焰底部进行灭火
	4	危险区设好警戒线，并挂好标示牌。无操作权限的人员不得乱动现场设备
	5	应急救援结束后要全面检查，确认现场无火灾隐患和建筑物坍塌的隐患，防止发生次生灾害
处置步骤		
人员疏散	1	停止着火主变压器（电抗器）附近所有工作，疏散无关人员
故障隔离	1	查明火因，将故障主变压器（电抗器）拉停：拉开着火主变压器（电抗器）三侧电源开关
火灾可控处置	1	若具备直接灭火条件，起始发现者可自行调动力量，立即去主变压器消防箱内选取干粉灭火器进行灭火
	2	若不具备直接灭火条件，先确认相关设备确已停电，再去主变压器消防箱内选取干粉灭火器进行灭火
	3	当发生变压器火灾时，当值值长应迅速组织人员查明火因，将故障设备停电，并投入变压器喷淋装置进行灭火
	4	火灾救援过程中动态监控、判断火势和危险性，若火灾难以控制按"火灾不可控处置"进行现场处置
火灾不可控处置	1	若油溢在变压器顶盖上着火时，则打开变压器下部事故排油阀，将油排至事故油池，使变压器油面低于火面。若变压器内部故障着火时，则不能排油，以防发生严重爆炸
	2	变压器油流到地面着火时，可用干燥的砂子围堵防止蔓延至其他运行设备，再用干粉灭火器灭火
	3	消防队到达现场后，先介绍火灾现场情况，交待火灾附近设备带电情况，与带电设备应保持的安全距离，并配合消防队进行灭火（担任监护职责）

三、变电运维人员应对开关室火灾现场处置

【流程类别】事故灾难类【应急事件】变电运维人员应对开关室火灾现场处置

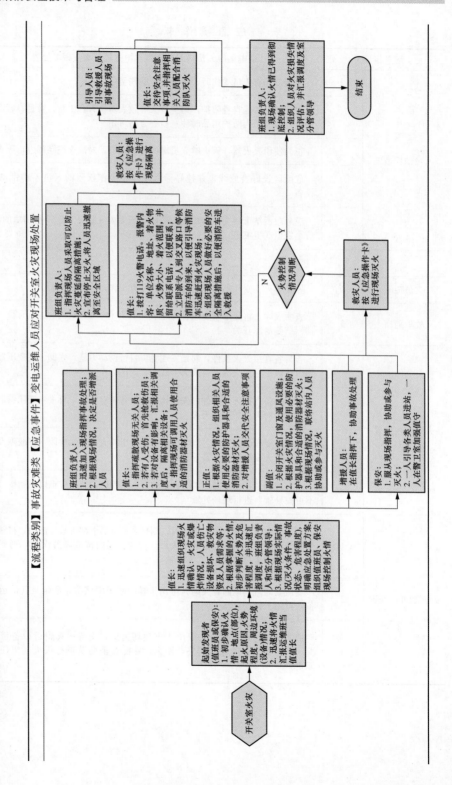

应 急 操 作 卡

应急事件		变电运维人员应对开关室火灾现场处置
风险预控措施	1	灭火时，加强自身防护，避免救火导致人身伤害：中毒、窒息、触电、烫伤等，佩戴个人防护用品时注意检查合格可用
	2	逃生时不盲目地跟从人流和相互拥挤，尽量往空旷或明亮的地方和楼层下方跑。若通道被阻，则应背向烟火方向，通过阳台，气窗等往室外逃生；过往有烟雾的路线，可采用湿毛巾或湿毯子掩鼻匍匐撤离
	3	若身上着火切勿惊跑和用手拍打，应立即脱掉衣服或就地打滚，压住火苗
	4	发现现场有人员受伤时，应先行抢救伤员
	5	应急救援结束后要全面检查，确认现场无火灾隐患和建筑物坍塌的隐患，防止发生次生灾害
处置步骤		
人员疏散	1	停止开关室内所有工作，疏散无关人员
故障隔离	1	查明火因，汇报调度将故障设备及影响设备拉停，宜采用远程操作方式
火灾可控处置	1	立即关闭通风机、通风百叶窗等通风设施，现场人员应立即撤离到室外
	2	若需进入室内进行灭火等应急处理，应穿防毒服装、戴防毒面具等。在明火没有扑灭前严禁开启门窗及排风设备
	3	充油设备油流到地面着火时，可用干燥的砂子或干粉灭火器灭火
	4	为防止设备爆炸伤人，一般不进行近距离灭火。在开关室发生火灾时，可对初起火灾进行扑救，在开关室灭火器箱取用干粉灭火器扑灭火源
火灾不可控处置	1	将火灾可能蔓延到的设备汇报调度，进行拉停
	2	消防队到达现场后，先介绍火灾现场情况，交待火灾附近设备带电情况，与带电设备应保持的安全距离，并配合消防队进行灭火（担任监护职责）

四、变电运维人员应对主控室火灾现场处置

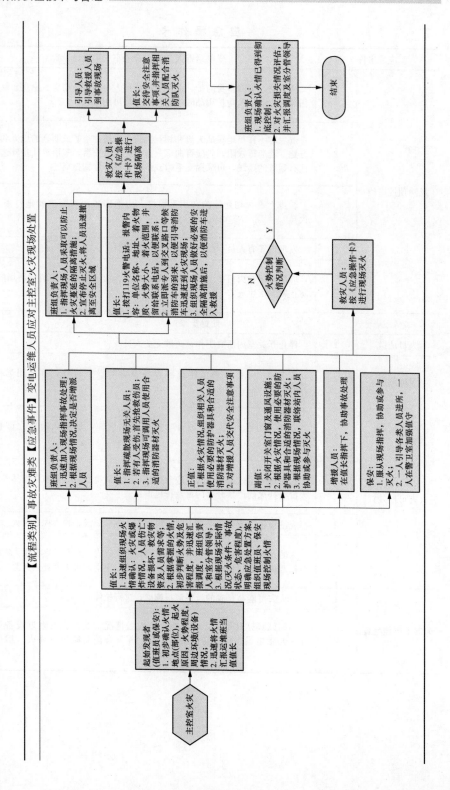

158

应 急 操 作 卡

应急事件		变电运维人员应对主控室火灾现场处置
风险预控措施	1	灭火时，加强自身防护，避免救火导致人身伤害：中毒、窒息、触电、烫伤等，佩戴个人防护用品时注意检查合格可用
	2	逃生时不盲目地跟从人流和相互拥挤，尽量往空旷或明亮的地方和楼层下方跑。若通道被阻，则应背向烟火方向，通过阳台，气窗等往室外逃生；过往有烟雾的路线，可采用湿毛巾或湿毯子掩鼻匍匐撤离
	3	若身上着火切勿惊跑和用手拍打，应立即脱掉衣服或就地打滚，压住火苗
	4	发现现场有人员受伤时，应先行抢救伤员
	5	应急救援结束后要全面检查，确认现场无火灾隐患和建筑物坍塌的隐患，防止发生次生灾害
处置步骤		
人员疏散	1	停止主控室内所有工作，疏散无关人员
火灾可控处置	1	立即关闭通风机、通风百叶窗等通风设施，现场人员应立即撤离到室外。若需进入室内进行灭火等应急处理，应穿防毒服装、戴防毒面具等。在明火没有扑灭前严禁开启排风设备
	2	对于初起火灾，切断相关电源，直接取用主控室附近干粉灭火器扑救
	3	检查通信、后台设备，发生通信中断时，及时安排人员用手机通知调控中心及相关调度并留下联系方式。有人值班变电站发生后台无法正常监控时，组织人员就地值班并告知检修人员现场情况，便于及时进行抢修准备
火灾不可控处置	1	恢复就地值班，及时利用手机与设备管辖调度，调控中心联系汇报
	2	消防队到达现场后，先介绍火灾现场情况，交待火灾附近设备带电情况，与带电设备应保持的安全距离，并配合消防队进行灭火（担任监护职责）

五、变电运维人员应对变电站附近区域火灾（爆炸）现场处置

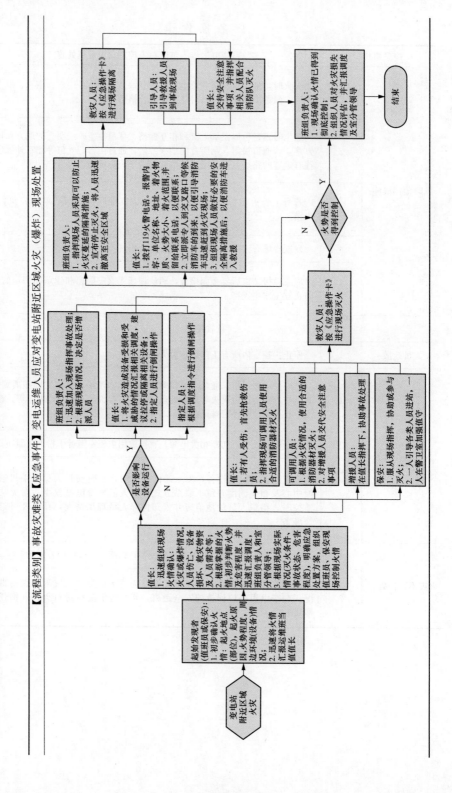

【流程类别】事故灾难类 【应急事件】变电运维人员应对变电站附近区域火灾（爆炸）现场处置

应 急 操 作 卡

应急事件		变电运维人员应对变电站附近区域火灾（爆炸）现场处置
风险预控措施	1	灭火时，加强自身防护，避免救火导致人身伤害：中毒、窒息、触电、烫伤等，佩戴个人防护用品时注意检查合格可用
	2	发现现场有人员受伤时，应先行抢救伤员
	3	正确使用灭火器，灭火时人员应站在上风口，对准火焰底部进行灭火
	4	若身上着火切勿惊跑和用手拍打，应立即脱掉衣服或就地打滚，压住火苗
处置步骤		
人员疏散	1	停止靠近火灾现场的站内所有工作，疏散无关人员
火灾可控处置	1	对于初起火灾，直接取用站内灭火器扑救
	2	立即指定人员，加强对火灾可能爆炸或蔓延情况的观察，对火灾爆炸碎片可能波及的设备进行全面检查
	3	若火灾影响设备正常运行时，立即汇报设备管辖调度，建议拉停相关设备
	4	若火灾已造成设备故障跳闸时，立即汇报设备管辖调度，进入事故处理流程，隔离该设备，并再次对火灾可能波及范围内的设备进行全面检查
火灾不可控处置	1	立即拨打"119"火警电话
	2	立即指定人员，加强对火灾可能爆炸或蔓延情况的观察，对火灾爆炸碎片可能波及的设备进行全面检查
	3	消防队到达现场后，先介绍火灾现场情况，交待火灾附近设备带电情况，与带电设备应保持的安全距离，并配合消防队进行灭火（担任监护职责）

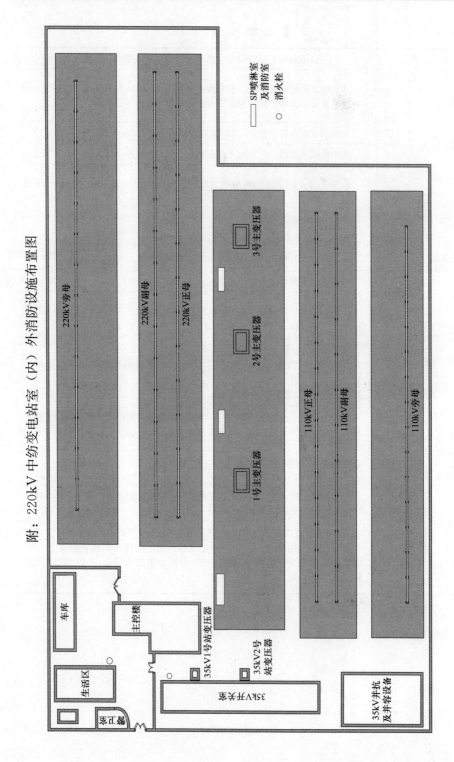

附：220kV中纺变电站室（内）外消防设施布置图